情绪自疗手册

日常生活里隐藏的身心秘密

孔令雪 著

中国工人出版社

写在前边

作为一名职业心理咨询师，接待来访者并和他们一起探索内心世界的奥秘，是我的主要工作。在实际工作中，有时会根据当天的咨询内容，给来访者留一些“作业”，也就是让大家离开咨询室之后，回到生活中根据生活中的情绪和线索进行自我觉察和训练。一来，希望咨询过程中探讨的内容可以形成涟漪效应，持续扰动。二来，也希望来访者可以有意识地进行训练，修正一些行为，让知识变成能力，让“知道”变成“做到”，真正对生活带来切实的影响和改变，逐步摆脱心理困扰，解决积压在身体里的疾患。

当一些来访者从这些“作业”里受益的时候，他们会忍不住和我分享收获与快乐，也会继续让我提供一些新的“作业”，希望自己尽可能快地走向自己想要的状态。他们就好像是好学生一般，经常跟我这个老师要推荐书目，让我指导他们下一步练习的思路和努力的方向。

慢慢地，我开始有些“苦恼”，苦恼于我经常需要跟不同的来访者重复一些相似的内容。因为某些阶段，许多朋友的困扰具有共通性。

于是，我就在想，如果有一套完整的、体系性的内容，可以给到大家该多好。一来，便于更好地理解“作业”的意义；二来，不容易产生误解；三来，可以反复练习。如果他们想要加“作业”，直接给他们就好了，不仅可以节约一些咨询时间，也可以助力深处痛苦中的来访者更快地了解自我。

同时，就国内目前的心理行业发展现状来讲，能够走进咨询室的还是少数，但是解决困扰自己的情绪问题，改善与父母、爱人、孩子、同事等的关系状态，拥有健康的身体，几乎是每个人的需要。而一套深入浅出、便于使用和实践的自我疗愈方法就显得很有意义了，然后就有了本书的构想。

当然，多年的从业经历，让我也深知，要疗愈情绪，处理关系问题，就要进行内在探索。而探索个体的内在心理世界，就如同一场考古发现之旅。当我们从一个事件、一个情绪入手，进行探索的时候，如同考古学家拿着小刷子小铲子，细细地扫开埋藏已久的宝贝上的尘土。慢慢露出一些，再发现更多一些，逐步窥见更完整些的过往，直到可以还原曾经的存在。这个过程，需要有方法，有线索，有步骤，有体系，能落地。

同时，可能大家通过各种方式也了解到一些心理学知识，知道过往事件和伴随的情感、认知、躯体体验，会以思维模式、躯体记忆等方式留存在人们的记忆和身体里，对个人的自我概念、言行举止、行为习惯以及社会关系状态产生深远的影响，甚至困扰。

进行个人内在探索，不仅是在追根溯源，寻找个体的思维模式，探索过往事件、创伤对今天的影响的过程，也是释放情绪，疗愈情绪，与自己和解的过程，更是构建和谐的心理和身体状态的过程。我的个人成长，这些年来也是从心理和身体双向并进的，除了跟心理咨询师做个人心理体验，我也跟随专业的瑜伽老师、太极老师，学习呼吸、站桩、太极拳等身体层面的放松和练习，也会找按摩师、针灸师帮助打通身体的淤堵，一路走来，确实受益匪浅。

当内心的郁结散开，身体也会变得通透和轻松。当身体的淤堵变得通畅，内心的空间也会变大变强。我的许多来访者的实证效果也表明，从心理和身体两个角度入手，效果最佳。

所以本书和大多数探讨心理学的书籍不同，除了一些心理学理论知识和案例分享，更注重实用性和可操作性，加入了大量的向内看、向内关照自我的练习，并且有很多倾听身体信号、与身体和解的内容。

当然，本书所讨论内容，是我个人这些年来的工作经验和学习总结，难以全面覆盖个人成长需要的所有部分，且一家之言的弊病在所难免，还请朋友们理解海涵，也希望大家可以批评指正，向我反馈你的想法、建议。

最后，希望这本书能对朋友们的疗愈之路有所帮助。

孔令雪

2020 年 7 月 10 日于北京

探索自我，开启全新的未来

地铁、高铁等轨道交通工具已经成为人们生活中很重要的部分，大大地方便了我们的出行。不知道各位是否好奇过身边这个神奇的没有翅膀的在轨道上飞驰的大物件，是否观察过它们怎么可以跑这么快？那个铁轨上有什么秘密？

我去搜索资料才知道，现代铁路两条轨道之间的标准宽度是 1435mm，也就是四英尺又八点五英寸，是国际铁路协会在 1937 年确定下来的国际通用标准。

所以，不管是什么速度列车使用的轨道，都是一样的轨道间距。那么肉眼观察的话，肯定都是差不多的模样了。

可是，为什么铁路的轨道距离要确定为四英尺又八点五英寸呢？

原来，早期的铁路是由原来建设轨道电车的人设计的，而四英尺又八点五英寸正好是电车的轮距标准。

那么，电车的轮距标准是从哪里来的呢？最先造电车的人以前是造马车的，所以电车的标准是沿用马车的轮距标准。

那么马车为什么要用这个轮距标准呢？因为古罗马军队的战车宽度就是四英尺又八点五英寸。

那么为什么古罗马战车轮距宽度要采用四英尺又八点五英寸呢？原因很简单，那是牵引战车的两匹马的屁股的宽度。

也就是说，两匹马的屁股宽度，经过历史演进，直接决定了现代铁路的轨道宽度。

美国经济学家道格拉斯·C.诺斯对这一现象研究后，总结出“路径依赖”原理，并利用这一理论成功解释了经济制度的演进规律，因此获得了1993年度诺贝尔经济学奖。

道格拉斯·C.诺斯曾说：“历史总是重要的。它的重要性不仅仅在于我们可以向过去取经，而且还因为现在和未来是通过一个社会制度的连续性与过去连接起来。今天和明天的选择是由过去决定的。”

“路径依赖”理论可以解释社会的发展脉络，可以解释各类经济制度、法律制度的演进过程，解释历史上发生过的事件又是怎样持续地影响后世，今日的种种总有过往的“马屁股”的影子。

对于个体也是一样，一个人过往的经历中发生了什么，他是被如何对待的，是怎么看待自己的，又是如何理解与这个世界以及与他人的关系的……这些内容一旦成型，个体就会按照这样的思维模式或者“马屁股”，在其基础上添加或者稍作修改，成为指导人们与自己相处、与他人相处、与环境相处的基本程序，并体现在个体的价值观、思维模式上，以及他们看待周围与他人的态度、生活习惯、社交模式、个人成就、婚姻家庭状态、亲子关系模式等。

而且，在大多数情况下，遇到相关场景会自动化执行这些内在程序，自信或者自卑，给予或者索取，包容或者苛责，怀疑或者相信等。进而演绎出个体与父母的关系状态，与伴侣的相处姿态，与孩子的互动模式，与朋友的交流方式，职场做事的心态以及姿态，还包括我们在社会各类场合的言论和做法……制造出异彩纷呈的生活现实。

不夸张地说，今天的我们，就是我们自己独特内在程序的执行结果。如同程序工程师一般，后台写了什么程序，机器就会执行代码命令，在前端呈现对应的界面。

中国的俗语里有“三岁看大，七岁看老”等经验之谈，心理学界也有“成年人的世界里没有新鲜事”之感叹，意思就是说，成年后的大事小事，是早期思维模式的再现。现代心理学的研究也表明，除去基因层面的遗传，从胚胎着床开始，人们经历的情绪事件，都会影响个体对这个世界和对自我的认识，尤其是6岁之前，0~1岁，1~2岁，2~3岁，3~6岁等每个阶段，都会对人们的人格和心理产生奠基性的影响。

对于个体而言，今日生活的种种情绪困扰，身体是否健康，婚恋家庭关系是否顺畅，个人价值是否得以实现，皆有过往的“马屁股”的搅扰。

而追本溯源，才能正本清源，了解内在的执行程序，系统地从心理、身体两个层面探索自我，发现影响自己的“马屁股”，才能更好地修正现有状态，更好地开创期待的未来。

套用诺斯的话，让我们再次确认探索自我的重要性。

每个人的过去总是重要的，他的重要性不仅在于我们可以向过去汲取经验教训，还在于每个人的现在和未来是由过去奠定基础并连续起来的。

今天和明天的选择是由过去决定的，而未来的种种，是由今天和明天的选择及状态决定的。

探索自我，开始有意识地觉察和训练，认识过去的心结，发现今天的思维模式、生活习惯，修正并开启全新的自我，才能为自己打造心之所愿的未来。

本书使用指南

本书的自我探索之旅，共分三个部分。

第一个部分的主题是认识未知的自己，主要从思维、心理、行为、习惯等层面了解自己的内心世界。从日常的看、听、说、问、想等多个角度认识自我的思维程序，追本溯源，了解内心层面存在的“马屁股”们，并看到这些思维程序对我们的影响。

第二个部分的主题是和身体成为朋友，主要是和大家一起探索身体和心理之间的关系和秘密。了解身心一体的神奇之处，并学习识别身体信号的方法，从吃、喝、拉、撒、睡以及呼吸等维持身体运转的日常现象里，理解身体、照顾身体，助力身心和谐状态的达成。

第三个部分，则是在前两个部分的觉察和训练基础上，开始更具体的自我塑造。从身体、心理的多个维度进行觉察和训练，力争摆脱过往的思维习惯、思考模式和行为习惯，开启全新的适合自我、有益于自我的新篇章。从开始善待身体，释放情绪，开始构建新的习惯，开始发现身边的美好，开始从对他人的依赖和过高期待里回到自身，慢慢接管属于自己的人生。

对于本书来讲，每个专题前边的知识分享是为了让大家更好地理解专题内容，中间的案例分享则是希望通过了解他人的自我探索过程，发现和自己有关的内容，算是抛砖引玉吧。

在这个知识大爆炸的时代，各个平台，以及许许多多的专家老师都在分享很多有益且精彩的内容，大家想要学习有很多的途径。

有不少朋友因为看过很多心理学的书籍，对心理学名词和概念很熟悉，分析其他人的时候头头是道。但是轮到自己却又身不由己，陷入各类矛盾冲突、纠结郁闷、情绪失控等境地。

知道很多知识，却还是过不好自己的生活！

知道和做到，从来都是两回事，让知识成为能力，成为自己的一部分并可以从中受益，需要朋友们通过细微的自我觉察，通过刻意练习，修通过往，开启新习惯、新模式。

所以，练习是本书的重点。

每个专题之后的练习，都是让我们更了解自己的方式，也是构建新自我的途径，希望大家可以认真地练习。所有练习不拘泥于形式和现有列出来的内容，你可以充分挖掘自我有关的内容。

当然，所有练习都可以反复进行，你可以一个月做一次，也可以半年之后再拿出本书梳理一次，相信不同时期，会有不同的新发现。

同时，考虑本书可以给更多朋友提供帮助和支持，所有练习从共性入手，可深可浅，需要大家根据个人情况，进行适合自己的探索。如果你有一定的经验，可以探索得深入一些，如果你刚开始了解自我，你就探索得浅一些。

当然，一些内心深处的内容，普通朋友很难通过觉察去触及，需要有一定的心理学专业知识才能更深入地发掘。想要对自我有更深入了解的朋友，建议寻找专业的心理咨询师帮助自己进行更深入的探索。

在使用本书的过程中，发现任何问题或者有任何感悟，欢迎大家与我联系。

祝福大家都有属于自己的独特收获。

目录
Contents

第一部分　认识未知的自己

第二部分　与身体成为朋友

第三部分 开启全新的自我

第一部分丨

认识未知的自己

很多朋友可能会说，我很熟悉自己，很了解自己了啊，你看我叫什么名字，家是哪里的，有什么喜好等，我统统知道。

当然，每个人都是陪伴自己最长久、与自己最亲密无间的那个，自然是最了解自己的。只是，很多时候，我们对自己的了解可能停留在表层，是头脑中认为的部分，而对于整体自我、真实自我来讲，只能算是很小一部分。所以，有很多人活得讨好，有很多人活得暴躁，有很多人活得压抑委屈，还有很多人活在不自知的、自动化的行为习惯里……

有许许多多的人活在社会的期待、父母的要求、身边人的期许里，唯独难以满足内心自我的真实想法，像是戴着面具表演着外界期待的角色，用一个假我的身份与周围互动，忽略了内心需要，忽略了那个真实的我的呐喊。

对于大部分朋友来讲，需要拨开一些迷雾，才能更多地认识自己，才能更了解藏在一些假象背后的真实自我。

要认识未知的自己，有些时候，我们需要从日常的看、听、说、问里找到规律，发现隐藏的“马屁股”，看到他们对我们的影响。我们是否带着偏见和刻板印象认识周围和他人？我们是不是曾因偏听偏信误解了一些人？我们的问话方式里又隐藏着怎样的内在逻辑？

有些时候，我们需要从自己的所思、所想、所念里，看到内心的情结，找到情绪解套的方法。我们放不下前任的原因是什么？我们高兴不起来的背后又有什么样的内心疙瘩？

有些时候，我们需要破开层层障碍，了解自己的行为和情绪背后的真实想法和心理需求。

比如，男人和女人吵架，女人大声哭泣并喊着，“你走开，我讨厌你，再也不要见到你”，而其实她的真实想法是，“你这么对我，我很伤心，我很愤怒，我想让你跟我道歉，我想让你哄哄我，抱抱我”。但是，因为各种原因无法识别并确认内心的想法，无法真实顺畅地表达，被愤怒、委屈、失望、难过等情绪所淹没，所以用指责和争吵、厌弃对方来发泄情绪。对于被指责的男人，当激烈的言辞和情绪批判袭来时，也会因自尊受挫而愤怒，开始反向指责女人的蛮横、夸张和情绪化，找出女人的不足大加批判，以维护自我受伤的感受，于是两人爆发更激烈的争吵，关系越来越远，越来越糟糕。

在这样的关系里，只要有一方能及时地知道这场争吵的原因是什么，对方或者自己的需求是什么，就可以适可而止，在更能滋养彼此关系的层面上沟通，而不是在行为层面吵架、在情绪和心理层面相互伤害。

还有许多时候，人们似乎有一些习惯性的内心戏，而这些内心戏似乎有一些规律性的脚本，指挥和影响着个体与他人的互动。比如，一位女人夸赞别的男士帅气威猛，她的丈夫便开始闷闷不乐，觉得爱人更喜欢别人而不是自己，甚至觉得自己被比较下去了，挫败、嫉妒、愤怒占据内心，去找那位男士“宣战”、找碴儿，回家则责骂自己老婆花心、轻浮，引发一系列家庭矛盾。

南希·麦克威廉斯曾分享过心理学家Hammer对于内心戏的描述，也十分典型。

一个男人想借个割草机，于是向邻居家走去，一边走一边想，邻居会慷慨地借给他，便觉得心情大好。但走着走着，心里开始犹豫，万一邻居不想借呢？心情开始转阴天，等走到邻居家门前的时候，内心的怀疑已经演变成了愤怒，于是他高喊道：“你那该死的割草机有什么好的，还不快推出来！”

有些时候，我们需要知道自己的习惯和成瘾行为背后隐藏的无意识动力。

有来访者明明平时学习成绩很好，但一到大考就发挥失常，高考、公务员考试都是这样。有一天，当讨论到对于父母的爱和怨的时候，他发现，自己在无意识地报复父母对自己的压制管控。他觉察到，看到父母气急败坏的失望和愤怒时，内心深处反而有几分报复的得意。

父母因为时代原因没有机会读大学，于是把所有的希望寄托在他这里，每天督促他好好学习，拿别人家的孩子怎么优秀数落他、讽刺他，抱怨他不懂父母的辛苦付出，不为他们争光争脸等，成绩不好还会对他失望愤怒，有一次期末考试没考好，父母整个暑假都不和他说话，让他痛苦极了。多年来，时常处于被否定被抱怨的氛围里，积累的怨气无法正常表达，只能通过隐秘的方式出气。

可惜，他宣示自我独立、释放不满的代价有些大。

接下来的每个专题都是探索自我的视角和线索，都是让我们更接近真实自我的方法，一起来开始吧。

我觉察自己看到什么

你看，象形文字特别有意思，可以从字本身了解其含义。“看”字里有个“目”，“目”是我们的眼睛，说明“看”和眼睛有关，我们是通过眼睛了解周围环境，以及他人所呈现出来的表情、行为动作、衣饰发型等信息的。眼睛是我们认识世界的重要感觉通道，有关数据表明，人们获得的外界信息来源于视觉的部分有 70% 左右（也有数据认为是 80% 左右）。

来，觉察一下，你每天一睁眼，看到的是什么？是晨曦中的光线，房间内的摆设，还是拉开窗帘后的小区景致和远处的太阳？也许有些朋友起床后的第一件事是拿起手机浏览新闻趣事、搞笑段子……而有些朋友起床后看到的是昨夜没有完成的工作，是家里地板上堆砌的杂物，手机里看到的也都是一些负面新闻报道……

看到的内容不同，产生的心情就会不同。

早餐中的西红柿很新鲜很漂亮，可孩子出门的时候又拖拉了；上班路上头顶的蓝天不错，但是路边的垃圾有些煞风景……看到早餐的漂亮温馨和头顶的蓝天，会伴随愉悦的心情；看到孩子的拖拉和路边的垃圾，会让自己充满烦躁和不满。这就是看到的内容不同，制造出了不同的内心环境。

上边说的这些是周边的环境和人对我们内心的刺激。视线再转向自己，你从自己这里又会看到什么？对着镜子打扮的时候，是看到自己精致、高挺的鼻梁还是额头上冒出来的讨厌的痘痘？当我们向内看时，看到自己的五官、特质以及下意识对自己的评价，也会触发不同的情绪和行为状态。喜欢自己或者厌弃自己，自信还是自卑，会直接影响个人是以自信大方的态度与周围互动，还是以退缩封闭的方式与外界相处……

关注自己每天看到什么，看到自己经常留意什么，是探索自己、认识自己非常重要的环节。

现在的社会处于一个信息大爆炸的时代，每天都会有纷繁复杂的海量信息呈现在我们眼前，令人目不暇接。相信每个朋友都有体会，尽管身边有那么多信息，但真正能进入我们视野的只是一小部分，能引起我们关注的就更加有限了。而只有进入我们的视野并且被关注到的信息才会被大脑进一步认知、分析，所谓入眼方能入心。

在人们有限的时间里，有限的注意力范围内，哪些信息可以进入我们的视野？那些进入我们视野的内容和信息有规律可循吗？是什么样的力量在影响我们眼睛投注的方向？为什么有人容易看见天上的小鸟，而有人却总看见地上的狗屎？为什么天空的一片云，有人说像凤凰，有人说像野鸡，还有人说什么都不像……

局部与客观　分裂与整合

你看到了什么？你喜欢看局部还是整体？背景还是主体？

花瓶还是人脸？

男人还是女人？

一队人，还是两组箭头？

有时候，眼睛看见的并非真实：

两条线平行吗？

三条线长度一样吗？

我们说眼睛会骗人，就是这么来的。因为每个人有自己更愿意看、更喜欢看的部分，所以，我们眼睛“看到的”，可能不是客观事实。

【哲理故事】

盲人摸象

从未见过大象的几个盲人，有一天遇见了一头大象。几个人分别去认识大象，有人摸到了大象的腿，有人摸到了大象的鼻子，还有人摸到了大象的肚子。然后就开始描述自己见到的大象，摸到象腿的说大象像个柱子，摸到鼻子的说大象像个管子，摸到肚子的说大象像一堵墙……

是的，他们描述的都没错，只是描述的都是大象的局部。如果习惯于用局部的、分裂的状态觉察周围、解释周围，慢慢地也就只会看到局部的世界，甚至一个分裂的世界。如果能够整合每个人看到的局部信息，就可能看到一个真实的、完整的世界。

寓言中的盲人，是不是像极了生活中的一些朋友？在对一些事情了解不多的时候，就开始评判甚至下结论，失去了客观性，以偏概全，很难认识到真实的事物。还有些朋友看问题喜欢碎片化地割裂开来看，失去了全局观，变得固执、偏执，甚至在错误的方向上执着狂奔。

选择性看见

美国心理学者曾做过一项社会学实验，让分别支持 A 党派和 B 党派的选民看同一份报纸，然后请他们描述看到的报纸内容。结果，支持 A 党派的选民看到的信息基本上是认可 A 党派做法的报道，以及批判 B 党派的相关内容。而支持 B 党派的选民看到的信息恰好是相反的，那些批评 A 党派的文章他们印象更深刻。

这个研究表明，人们会从自己内在的认知出发，喜欢看到自己认同的内容，而忽略那些不认同的。有些人因为喜欢而经常发现别人花瓶里插的不同品种的玫瑰花，而有些人因为嫌弃玫瑰花的刺而对它视而不见。生活中，看到有关爱人、孩子和自己的事物，往往也会用这样的选择方式去认知、思考。

人们习惯于选择性的看见，而不是更客观的看见。也就是说，在选择把眼睛投向哪里之前，已经做出了选择。所以许多时候，同一张报纸，同一个新闻事件，同一个人身上发生的事情，每个人看到的内容是不一样的，留在头脑中的、存储下来的内容也是不一样的。当然，这样选择性看见，带来的后续影响也是不一样的。

可能，因为选择了加班带来的糟糕情绪，回家和爱人吵了一架，爱人心情悲愤骂了孩子一顿，孩子气不过打了家里的猫，猫逃跑又把一杯水打翻在了你的电脑上，没来得及保存的工作文档随之成了泡影……

理解投射

【哲理故事】

苏东坡与佛印

苏东坡，是“唐宋八大家”之一，他的逸事趣闻流传甚多，我却对他与佛印的故事印象十分深刻。据说佛印是当时在金山寺修行的大和尚，悟道颇深，与苏东坡交往密切，互为知己。苏东坡诗书才华声名远播，自有傲气在身，时常和佛印 PK，戏谑对方。

有一日，东坡才子请佛印教他禅坐。两人相对而坐，过了一阵子，东坡才子坐不住了，问佛印：“你看我坐着像什么？”佛印说：“你像一尊佛。”佛印反问苏东坡：“你看我像什么？”苏东坡心中暗自盘算，机会来了，说道：“佛印像一堆屎。”佛印听了稍一发愣，然后笑了笑没说话。

这一回合苏大才子觉得自己赢了，非常高兴，回家说给他的妹妹苏小妹听。苏小妹也是个冰雪聪明、极具智慧的女子，听完哥哥这么一说，直笑哥哥太傻。苏东坡莫名其妙，说：“我把佛印说成一坨屎，明明是我赢了。”苏小妹告诉哥哥，心中有什么，才会看到什么，你把佛印说成一坨屎，说明你心里有的是屎。而佛印说你是佛，说明佛印心中有的是佛。两者一比较，立马就分出高下了。大家可以想象一下苏大才子听完妹妹解读之后的表情。

是的，心中有什么才会看见什么，外界所看到的、发生的，往往是人们内在状态的投射。投射，是现代心理学的一个重要概念，在心理咨询和治疗中，在人们想要认识自我的时候，经常会分析个体的投射是怎么发生的，据此来看见和理解后续行为。

人们往往会根据自我内在的认知结构和状态，去认识、解读周围发生的事情，进而做出相对应的行为、情绪反应。

日常生活中，看到善意和美好，我们更容易表达善意和美好的自我；看到苛责和抱怨，我们就更容易以苛责和抱怨的方式表达自我。

不知道这几个故事对你会不会有启发，或者你有没有从这几个故事里面看到自己的影子。

与来访者的咨询工作中，我有时候会给大家布置自我觉察作业，请他们有意识地观察自己在生活中看到的内容，并描述这些看到的、收集来的信息是怎么影响自己的。

他们的分享都非常有意思，经他们同意，我把有关内容加工后描述出来，试着帮大家看到这些过程。

【案例故事】

挑剔他人，是害怕自己不够好

F每次恋爱时间都不超过3个月，一开始觉得女孩子美丽动人、温和乖巧，可过段时间总能发现对方的缺点，比如衣服搭配不够协调，和别人打招呼的时候犯嗲了，等等。相处久了，最初的吸引力没那么强的时候，总能挑出对方的一堆毛病，好感度直线下降，然后闹别扭，以各种理由分手告终。他也纳闷，心中那个完美的她究竟在哪里呢？身边人都说他是个花心大萝卜，可只有他自己知道自己的这份心结。

我们在咨询中发现了这个规律后，我问他，当你看见女朋友和别人打招呼发嗲的时候，头脑里有什么样的想法冒出来吗？他说，他觉得女朋友有些随便了，不够保守，害怕别人说自己的女朋友轻浮，然后自己就会特别没面子。你看，要是有个轻浮的女朋友，作为男人，岂不是很丢人？

那看到她们穿衣服不那么好看的时候呢？你会有什么想法？他说，她们不漂亮不也是衬托得我不行嘛。

探讨了几个场景后，我说，听起来你挑剔她们，是害怕她们的一些不足给你带来麻烦。他说是的，女朋友的不好，特别容易让我觉得难为情没面子，因为我们的关系，我们是绑在一起的，我好像特别害怕出丑，害怕被人发现自己有什么不完美的地方。

是啊，我知道，他从小就是被父母挑剔着长大的，生怕犯错，数学考 99 分都会被父亲提溜过去批评教育一番。因为不敢犯错，所以一直追求优秀，学业是发展得挺好，与人相处却困难重重。他挑剔女朋友的状态，像极了他的父母挑剔他的样子。

后来，我让他去看看女朋友缺点背后的亮点。他一开始惊讶至极，缺点的背后还有亮点？他满脸写着问号。

我问他，女朋友会跟其他人发嗲，会不会对你也发嗲？他说，会。

她跟你发嗲的时候受用吗？受用。

要是女朋友不会发嗲呢？那就不可爱了，女孩子还是会撒娇一些有趣。

你看，发嗲，在有些时候是个缺点，在更多时候是个优点了。

很多时候，我们自动化地按照自我的评判，看到事物第一层面貌，很难看到事物的另一面。于是，让他去做生活观察，当看到身边人的缺点的时候，试着找找缺点的另一面。一开始他很难找到，慢慢地，他发现每个人的缺点背后往往有很多意料之外的原因，仔细地去观察、分析，便会慢慢觉察到这些缺点在别的场景中所展现出的好的一面。他说“觉得好神奇，人性好有意思”。是的，事物的两面性就是这么真实存在的。

当他开始看到好多事情具有两面性的时候，他发现自己包容力也强了，甚至对自己的要求也没那么严苛了。

【案例故事】

善于察言观色，是为了保护自己

H是另一个来访者，做了觉察训练之后给我的反馈是，她终于知道自己为什么不喜欢打电话了，也知道自己为什么察言观色的能力那么强了。

和朋友相处，她喜欢见面聊天不喜欢打电话，和父母平时沟通也都是视频。有一天，她和父母要聊一个事情，但是人在外边，没法视频，这个过程中，她觉得自己充满了焦虑和不安，觉得看不到父母的表情，摸不透他们的态度。

觉察训练过后，她终于明白了，看到对方的脸，看到对方的表情是她收集信息很重要的方式，她可以敏锐地从微表情中知道对方是不是生气了，自己要怎么应对。看不到对方脸的沟通，会让她恐慌就是因为这样她无法很好地收集信息，无法预计下一步该怎么办，恐慌于无法应对可能发生的情况。

通过咨询我了解到，她从小也是在父母的苛责中长大的。父母对她期待非常高，极少夸奖她，如果她考试不好，一个假期都不理她，父母特别希望她成为一个“有用”的人。年少的她，为了减少父母施加的苛责和批评，她培养出了极高的察言观色能力，父母的情绪一有风吹草动，她便可以及时调整应对，做好自我保护。

外界呈现的信息是客观稳定的，每个个体内部的认知结构不同，对信息的加工方式不同，就形成了不同的理解和行为。试着有意识地觉察自己习惯性地看到什么，了解视觉系统收集来的信息是怎么影响我们的，可以帮助我们更好地了解自己，认识自己。当然，有些深层的心理状态没有专业的带领很难区分出来，我们先从最基本的觉察开始，走出第一步，就会离真实的自己更近了一步。

一起来做些练习吧。

【自我探索】

1. 你每天更多看到的是什么？

2. 不假思索的喜欢看的有什么？

3. 在看一些内容的时候，习惯化的思维逻辑有什么？

4. 你看到的信息是怎么影响你的？

【觉察工具】

记录句式：

1. 当我看到某某________的时候，我发现________。

2. 当我看到自己________的时候，我发现________。

【示例】

1. 当我看到老公抱着手机刷微信的时候，我发现自己开始愤怒。

2. 当我看到自己脸上的痘痘时，我发现自己开始心情低落，沮丧挫败，觉得自己好丑啊，都不想出门了。

【延伸练习】当你看到 A，试试再看看 −A，也就是 A 现象背后的内容。思考模式请参照来访者 F 的反转方法。

我觉察自己听到什么

除了眼睛这个视觉通道，人们获取信息的另一个重要渠道就是耳朵。最近几年，随着音频节目的兴起，早上起床后，一边做着早餐，一边听着有声书籍、音频课程，成为不少人的日常习惯。

据有关数据，人们每天约有 20% 的信息来自听觉系统。身边不少朋友已经开始习惯多程序并行的生活、工作方式，比如边做饭边听课，边开车边听书，走路、慢跑等运动的过程中，也没让耳朵闲着，听觉系统对于人们收集信息的重要性也越来越强了。

“听”的繁体字是这样写——“聽”，按照《说文解字》的解释，“聽”，“聆也，凡耳所及者云听，……耳有所得也”。翻译成现代语言就是，凡是耳朵能收集到的内容，就叫作听，也就是耳朵得到信息的意思。

每时每刻，我们身边都有几十种声音在发生。静下心来，仔细听一听，也许你会听到窗外鸟鸣啾啾，抑或楼上的电钻声，窗外的汽笛声，家人走路的声音，说话唠叨的声音，孩子练琴的声音，甚至偶尔飘入的邻居的吆喝声……

那我们每天能听到的内容都是什么呢？先来看一个心理学实验。

【小常识】

心理学实验：双耳分听实验

彻里（Cherry）1953年做了个双耳分听实验，给被试者的双耳同时呈现两种材料，让被试者大声追随一个耳朵听到的材料，并检查被试者从另一个耳朵获得的信息。前者称为追随耳，后者称为非追随耳。结果发现，被试者从非追随耳得到的信息很少，甚至把原来的英文材料改成德文或者法文，或者将课文颠倒的时候，被试者也很少发现。这说明，从追随耳进入的信息，由于受到注意力的参与被进一步加工、处理，而非追随耳的信息，由于没有被注意，是被忽略的。

这个世界环绕在个体周围的声音很多，但能进入耳朵的，需要个体注意力的帮助，没有注意力的参与，那些声音就散落在各处。同时，人们的听觉注意容量有限度，多数情况下，许多环境声音是不被纳入注意力范围的，基本上是被忽略的状态，人们只是和这些声音互不打扰，一同相处。比如，空调运转的声音，工作时候电脑风扇转动的声音，夏天窗外的蝉鸣声等。

当人们启动了注意力开始听的时候，听到的内容会和我们的内在世界相互作用，触发不同的情绪和行为反应。

听，外部声音

与家人聊天说话，和孩子做游戏讲故事，与同事沟通工作，与朋友谈心事，等等，在我们与周围的人进行这些互动交流时，他们说的话，表达的内容，发出的声响，是我们人际互动的重要信息和刺激，会直接影响我们的情绪状态。

“开饭啦，先别工作了，吃完饭再说。”

“爸爸，你今天来接我放学吗？”

“妈妈，我今天想让你陪我去买个东西。”

“老板说上午十点开会。”

这些日常的沟通，信息刺激还比较温和。如果这些沟通场景里的人物关系没有情绪积累或冲突，一般不会对情绪产生较大影响。

"祝贺你，研究成果获得了国家奖励！"

"恭喜你，喜得千金！"

这些，听起来就让人开心，情绪值直接拉升。人逢喜事精神爽嘛。

"你怎么又抽烟了？"

"你从来都不考虑这个家里需要什么！"

"你太自私了，只顾着你自己。"

"你太让人失望了，我已经烦透了，离婚去吧！"

这些信息就来者不善了，充满指责、评价的言辞会触发我们的负面情绪感受，进而想要反驳回去，关系里的争吵就可能发生。

当我们沉浸在音乐里，跌宕起伏的旋律带着我们时而心潮澎湃，时而低落悲愤，时而心情明媚雀跃，甚至感觉在和作曲者面对面交心地对谈。

听课程也有类似感受，听到好的观点见解时仿佛心有灵犀，听到一些难以置信的内容时义愤填膺，听到有益的内容时则豁然开朗……

当我们明白听来的什么类型的内容会激发自己怎样的情绪时，对自己的理解就更多了。

听，内部声音

除了来自他人和环境的声音，我们的内在自我也在不停地发出声音，每个人每天几乎有上万个声音从内在自我发出来。

“今天好衰啊，出门踩到狗屎。”

“老板这张臭脸是怎么了？我哪里做得不对吗？不该啊，真烦人。”

“儿子的作业又被老师点名批评了，好小子，看我回去怎么收拾你。”

“我真是太笨了，又坐过站了，还得往回走。”

“今天很棒呢，在那么多人面前演讲很顺畅，加油！”

“今天一堆事情，还是没法接女儿放学，感觉很对不起她。”

“其实更想要个儿子，那个医生说恭喜的时候，我是不是脸色很难看啊。”

“到底要不要给老板说辞职的事情，唉！”

……

你每天自己说给自己听的内部声音都有什么呢？你觉察到多少？这些声音是怎么影响你的？他们之间有规律吗？你知道当你纠结的时候，你和你的内在自我是怎么打架的吗？

听，弦外之音

有一些朋友，善于听弦外之音，也就是他们总能从对话里听出来对自己不利的部分。比如，闺密说：“你今天这套衣服很棒哦，不过这个项链和衣服有些不太搭，如果是你前天的那条金色项链就更好看了。”如果这个场景发生在不同人身上的话，也许有的人听到的是对身上这套衣服的夸奖声，有的人听到的是对自己搭配方式的批评声，还有的人会坚定地认为自己搭配得最得体，并反过来质疑对方的审美。

还有的人，会从对方的话语里听出来潜台词，认为对方是在讽刺他。比如，一个想要儿子的男子，在第二个女儿出生后，听到有人介绍他们家里有两个千金的时候，他总觉得对方是在讽刺他生不了儿子，心中又生气又郁闷，整日郁郁寡欢。

【案例故事】

亲密关系中的弦外之音

小A想约新认识的女孩子吃个饭，微信聊了一会儿，便提出了约饭邀请。女孩子说最近特别忙，过几天再约。小A就认为女孩子是不喜欢他，在委婉地拒绝他。不开心之下，聊天约会的动力也少了大半。

其实，那位直言衣服和项链不太搭的闺密只是表达个人审美，怎么理解这些信息因人而异。而家里有两个女儿的男子，是把生儿子才能展示男人能力作为标准衡量自己，对生了女儿心有羞愧，所以才把别人的介绍当成讽刺。

而那位约饭受阻的小A，后来知道那几天女生确实忙于一个项目的验收工作，真是没有时间约饭。其实，女孩子对他是有好感的，怕对方觉得被冷落，也是见缝插针地同他聊微信。几天后，女孩子有时间便主动约了他。小A对弦外之音的解读，差点让自己错失一段亲密关系。

不信任的听

在一些关系里，当信任度降低的时候，人们会自动化地把对方表述的内容打个问号，甚至夸大化地想象一些非客观内容，越想象越激动，似乎想象的事情真的要发生一般，在情绪的积攒下，做出一些过激行为，反而破坏原有的关系状态。

【案例故事】

被不信任折磨的婚姻

我的一位来访者G女士的经历也很有代表性。G女士的先生曾经有过婚外情，后来决定回归家庭。但G女士心里的怀疑已经种下了，听先生说什么总是不自觉地加上了一层颜色。

有一天，先生忙完工作回到北京已经是夜里一点多，说担心回家吵醒孩子，就在单位公寓里住下了。G女士立马警觉起来，反复地在想他是不是在撒谎，根本没有回北京，或者根本没有在单位公寓里住。因为有过婚外情的阴影，她心里对他说的话很难信任。那一夜她辗转反侧、百爪挠心，忍不住还是给先生打了视频电话查岗。先生见她这样怀疑，立刻从公寓回到了家里，折腾一夜，谁都没有睡好。

如果把耳朵所得到的信息当作刺激，那能够让刺激产生不同化学反应的就是我们的内心。如果我们怀疑自我、自卑，如果我们不信任他人、厌倦他人，就很难客观理性地与周围人互动。那些内在信念，经常会在与外界互动的过程里幻化出许多奇妙的声音来，让内在自我纠结矛盾、摇摆不定，觉得自己是个受害者，被欺负，被嘲讽，没有被善待，委屈而愤怒……许多时候，这些情绪状态和外界关联并不大，只是自己的内心戏。

去觉察自己每天听到什么？这些声音来自哪里？又是如何影响你的？这些声音之间有规律吗？

如果你时常听到弦外之音，时常不相信他人的话，你可能需要去认真地觉察一下自己了，你内在发生了什么？

【自我探索】

1. 你每天听到较多的声音是什么?

2. 这些声音是来自外界还是来自内心?

3. 他们是怎么影响到你的?

【觉察工具】

记录句式:

1. 我经常听到自己对自己说________。

2. 当我听到________说________的时候，我发现我立刻有了________的情绪。

3. 我喜欢听________，会让我觉得________。

4. 我讨厌听________，会让我觉得________。

【示例】

1. 当我听到鸟鸣的时候，我觉得生活很美好。

2. 当我听到男朋友说要加班的时候，我觉得他不再爱我了。

3. 我讨厌听人说我个头矮，都怪老妈给我生成这样。

4. 他们几个人在说悄悄话，是不是议论我呢?

5. 我好笨，做什么都这么慢。

6. 我喜欢听爱人夸我，那样才觉得自己不会被嫌弃。

我觉察自己说些什么

说的繁体字“說”，是“言”和“兑”组合在一起。言，就是用言语表达；兑，有交换的意思，也有按照许诺去做的意思。

兑，也是八卦之一，周易卦象奥妙难懂，我没有研究就不妄言了。不过，兑卦的解释里有一些是触动我的，比如“兑即喜悦”，意思是指人内心刚健、外表柔和，怀着喜悦的心情守于正道，既顺应自然天道，又应和人心。这如果是“兑”字的原意的话，就可以帮我们更好地理解“说”的原意了。说，就是要用言语表达符合天道自然规律，又让对方觉得愉悦的内容。

你看，当我们理解了“说”字最初的本义之后，就自然明白了说话的两个功能，一个是表达自我，一个是让他人理解自己并感觉舒服。也就是说，说话，不仅要说得清楚明白，达成沟通目的，而且还要注重双方在沟通过程中的感受。

说得狠，可以杀人于无形

你身边有没有这些人？有些人，有理说不停，没理辩三分，巧舌如簧；有些人，整体算是热心肠，但帮人做事也好、说话也好总是带着嘲讽的腔调抨击他人，甚至专拿人的不足之处来揶揄、打击；有些人，说话经常骂骂咧咧，一副“老子天下独尊”的样子；还有些人，则像是长着“刀子嘴”，句句带着扎人扎心的锋利……

甚至有些时候，一些话语用到极致，可以把他人逼死。《三国演义》里诸葛亮三气周瑜，两人斗智斗勇几个回合下来，最后周瑜急火攻心，吐血而死。

现实生活中，这样的例子也很多。每次看到社会新闻报道，某某因为实在受不了父母或者他人的批评，做出了什么过激的举动，甚至是自杀行为，我都感觉非常痛心。语言本是用来达成愉悦合作的沟通工具，慢慢演化运用，却被当成了伤人利器。

说出口的话带有力量，用恶毒的内容把语言串成匕首攻击他人的时候，往往会造成不可估量的严重后果。

说得好，可以抚慰人心

语言本是一个工具，从造字之初，是为了沟通。且从“说”的构造来看，是为了让沟通的双方感觉愉悦，达成良好合作。好好说话，说好话，可以让关系更和谐，让事情更顺利。

那怎么好好说话呢？有个基本原则，尊重对方是独立的个体，有独特的经历和感受，有特别的喜好，也有不同的脆弱之处等。心里有对方，且尊重对方的独特性、重要性，言语中的尊重自然就出来了。这里面很重要的是，不居高临下，不看低对方，保持平等的心态。

这里简单分享几个个人常用的说话方式。

1. 使用礼貌用语

大家比较一下不同的表述，带给人的感受。

A. 你可以帮我签收一个快递吗？

B. 给我签收个快递，行不？

比较这两句话，第一个表达充分尊重对方的感受，收快递不是什么难事，但是麻烦，要看对方意愿，让对方决定。

第二个表达可能是在熟悉的朋友之间，有些直接要求的意思，虽然加了个“行不”，但基本上对方没有选择空间。

2. 说话时候尽量不评价、不指责他人

换位思考一下，当我们自己被他人评价、指责的时候，心情一定是不好的，甚至有时候很愤怒地想跟对方说“关你屁事”。因为，评价他人就是把自己放在一个更高的位置去审视、审判对方，往往容易让对方感觉被攻击、被挑剔，然后奋起反击保护自己。一旦开始评价、指责，沟通就可能变成争吵。

3. 及时认可对方

每个人都有一个核心需要，希望得到更多的认可和理解。如果你可以发现对方的闪光点并及时表达出来，对方的价值感、存在感被在意、被拉升，自然就觉得开心舒服。

有句俗语叫“**会做的不如会说的**”。会说话的夫妻，彼此感情和睦，恩爱幸福；会说话的孩子，受人欢迎，魅力满满；而会说话的领导者，自然会让更多人信服和跟随。总之，会说话的人，说出来的话能走入对方的心，让听的人感觉舒服愉悦，愿意配合做事情。这样的人身上总是闪耀着光芒，人缘好，做事也往往事半功倍。

【案例故事】

说出自己想说的也没那么可怕

M是个乖乖女，大小事都听父母的话的那种。她找我做咨询的原因是觉得自己不开心，经常说不清缘由地情绪低落，似乎生活中没有什么让她高兴的事情，她不想过这样的日子。经过一段时间的咨询，我们对她的日常、她的过去以及她和父母的关系等方面，进行了一系列的讨论、觉察训练之后，她变得开朗了不少，也交了男朋友。有一次，她似乎是鼓足了勇气跟我说，她想和我谈谈男朋友的事情，因为害怕妈妈反对，一直不敢告诉家里。这件事憋在她心里好久了，最近开始失眠了，上火，咳嗽。

她这次交的男朋友，不是重点高校的硕士，不符合妈妈的标准。一方面，乖乖女的标签让她不敢违逆母亲大人的任何意见；另一方面，自己又很喜欢这个男朋友，两人在一起很开心，她个人并不看重是什么重点高校还是普通高校。这样，内在冲突就起来了，怎么办呢？一边是妈妈的喜好，一边是自己的喜欢。以往的事情，听妈妈的忍忍也就过去了，这次如果按妈妈的标准来，那就只能选择分手。一想到要分手，就好伤心好心痛。是啊，那是让妈妈不满意，“心痛”女儿不听话呢？还是让自己听妈妈的话，选择分手从而承受心痛呢？

后来，她说决定这次不要再忍了，试一下让妈妈听听她的想法，看是否能说服妈妈。

没想到，一开始妈妈虽然不同意，还忠言逆耳教育了她一番，但看到女儿的坚持，也就接受了。

坚持表达自我想法，且尝到甜头，M觉得好开心，仿佛她的思维世界打开了一扇新的窗户，她的世界不是只有“听话”一个大门。M比以前更自信了一些，她说：“原来，说出自己想说的话，坚持自己的想法，也是可以的。”

【案例故事】

恶语相向的夫妻

L先生和Y女士，两口子经常吵架，一起来做夫妻咨询，见到我的时候如同见到了裁判，还没坐下就开始跟我抱怨彼此。L说Y碎嘴唠叨，总是上纲上线。Y说L又懒又挑剔，自己不干活还指手画脚、挑三拣四……一听就知道他们的控诉都带着积压的情绪，给对方扣了许多顶评判的帽子。也正是这些评判让他们一点点地耗尽了最初的爱恋和激情，慢慢变成动辄吵架的怨男怨女。其实，如果有一台摄像机把他们俩的对话录下来，给他们自己看看，也许就可以让他们看到许多画外之音。

Y：他一点都不关心儿子，回家后就知道看球赛、玩手机。

L：出去玩，我背着孩子的大包小用，还一路开车，这些你怎么不说？

我问Y：他真的一点都不关心孩子吗？（语气重音落在“一点都不”上）

Y（迟疑了下，有些不好意思）：也不是啦，多数时候还是关心的，只是很多时候看他看球赛、玩手机，觉得他不带孩子有些烦。习惯了这么表达。

是的，Y话语里习惯性用的这个“一点都不”，是对先生做的事情的全盘否定，生活中的爸爸不可能一点都不关心孩子，先生听到太太的攻击性表述后，自然要做的事情就是反击回去。

Y女士为什么这么做呢？当夸大一些事情的时候，攻击力是可以加强的。对比一下，如果她说，“我觉得他不太关心儿子，经常自己看球赛、玩手机”，这样的控诉就变弱了很多。当她说，“他一点都不关心儿子，总是自己看球赛、玩手机”，这句话传递出来的画面，很像是个不合格的爸爸。大家会觉得这个爸爸真自私，怎么就不管孩子，只顾着自己玩呢。这时候的太太就站在了道德评判的制高点，容易得到周围人（当时的我）的支持。可实际情况是，爸爸不是这样的，爸爸会陪伴孩子，和孩子一起玩，只是太太不满意先生，把日常积累的怨气借这一件事情表达出来了。

人们在表达不满的时候，习惯性地用夸大事实的方式提升自己的火力度，但这样也给了对方自己的漏洞，自然也会遭受反击。

所以，当人们的表达不是客观事实而是带着情绪的评判时，对方会收到攻击信号，本能地开始反击，相互攻击就此开始，吵架甚至打架就发生了。

说话，说出客观事实，才是最有力量的表达。

你，每天说些什么？是对妻儿的批评斥责，还是对他们的鼓励支持？是对周围人的热情问候，还是对他们的冷嘲热讽？是对父母的嘘寒问暖，还是对他们的淡漠忽视？你说的话会怎样影响到你的状态？你说的内容又怎样影响你的关系状态？这里的关系包括和爱人之间的情感亲密关系，和孩子之间的亲子关系，和父母之间的感情关系，和同事之间的合作关系，以及社交人际关系，等等。

试着去觉察这个部分，你可能会发现，说出去的话不同，反馈回来的结果也不同。有些话可能像一个拳头搞烂了关系，有些话则像一缕暖风暖化了关系。与通过“听”和“看”收集信息不同，“说”是和周围人互动的行为，直接影响互动结果。

当然，说的话也会带着各式各样的情绪，是内在状态的一面镜子，会直接影响个体的心理状况。比如经常发脾气的人和经常抱怨的人，他们的性格心理也是不一样的，甚至他们的躯体疾病也是有规律的。

语言是有能量的，仔细觉察下每天说些什么，看看有什么规律，常说的口头禅，常表达的语句，说话的习惯语气，甚至说话时经常配合的肢体动作……然后，看看这么做的时候，和内在心理的关联是怎样的。

来，一起进行这个部分的自我探索之旅吧。

【自我探索】

1. 你每天说些什么?

2. 觉察自己所说的话有什么规律吗? 请描述出来。

3. 当你用不同的方式说话，对方会有什么不同的反应?

【觉察工具】

记录句式：

1. 当我说出________的时候，我发现对方________。

2. 当我说出________的时候，我发现自己________。

3. 我经常对自己说________，然后自己________。

【示例】

1. 当我对孩子说你这个模型做得很漂亮的时候，我发现他一脸的高兴和得意。

2. 当我对男朋友说你怎么总是迟到的时候，我发现他脸色开始变得阴沉。

3. 当我对自己说你怎么这么笨的时候，我发现自己更加焦虑紧张了。

4. 当我对老公说，谢谢你历尽千辛万苦来接我的时候，我发现他因堵车积攒的不耐烦少了一些。

我觉察自己问些什么

问，简化之前写法是“問”，《说文解字》里的表述，问，讯也，有时候也引申为“以礼聘问”。“问”字的结构，一个“门”，里面一个“口”，从象形的角度理解，就是在门里、门边，开口或是询问请教。这么一看，似乎“问”本身包含着近距离地礼貌开口的意思。

当我们探索自己经常在问什么的时候，其实是了解自我头脑中思维的路径，我们想要了解的是什么？我们对外界、他人好奇的是什么？

我的小侄子一岁多刚会说一些话的时候，经常问：“这是什么呀？”公园里游玩一圈儿，所到之处都要摸摸、问问，地上的杂草、小石子、铆钉、路标牌等，对身边能触及的一切事物都充满好奇。这就是这个阶段的孩子的特点之一，刚刚打开语言的神秘盒子，刚刚能够迈开脚，可以主动地去往自己感兴趣的地方，在他们眼里，一切都是新鲜的，自然要去认识认识，这个是什么，那个叫什么……

“这是什么呀”“为什么呢”这样的问句，不仅仅在孩子作为“十万个为什么的化身”的特定发展时期出现，而是会贯穿人的一生。“这是什么”帮我们持续了解世界，“为什么呢”帮我们更好地理解新事物，把不理解的内容纳入已有的知识结构里。

当人们来到一个陌生的城市或国度，身处在新的环境之中，都会好奇一些新奇的、未曾见过的内容。人们会很自然地发问，这是什么？他们为什么这么做呢？哦，和他们的文化习俗有关……有时，去一个治安状况不太好的国家，人们也会不由自主地多一些思考，晚上能外出吗？会不会有危险？有规避危险的方式吗？怎么更好地保护自己？他们国家为什么会这样呢？当然，在经过一系列思考和评估之后，不同的人会根据自己的评估结果采取不同的应对方式。

很多时候，在面对纷繁复杂的生活事件时，人们的头脑会启动内部思维系统，根据知识、经验及时评估利弊得失，做出回应。遇到熟悉的事情时，会减省思维过程，按照经验直接处理应对。这个过程非常短暂，往往只有几十毫秒的时间，大部分时候我们如果没有有意识地去觉察的话，很难发现。

每个问题后边，都有一个力量驱动着。了解自己经常问了什么，是为了以问的内容作线索，了解问话后边的自我。

◎你这套衣服是哪里买的？多少钱？——可能想买这款衣服；也可能想借衣服信息了解穿衣人。

◎我是不是哪里又做错了？——害怕犯过错，时常焦虑惶恐的人，经常有这样的内部或者外部语言。

◎我是不是今天眼袋特别大？——对自己的眼袋不满意，在意外部形象。

◎你真的爱我吗？——不确定自己是否真的被爱，对自己和关系有所怀疑，或者希望确认这份爱。

◎我今天这是怎么了？——试图了解自己的言行举止背后的力量。

觉察自己问什么，有两个方向：

方向一，你向外问了什么——可以了解你好奇的是什么。

方向二，你向内问了什么——对自我的好奇有什么。

【案例故事】

开始自我追问的来访者

来访者W已经做了半年多的咨询，慢慢也适应了咨询中提问的方式和规律。有一次跟我分享，说那天她和爸爸一起出门，停车的时候停得不是很正，估计会影响其他人停车。先下车的爸爸就开始指责她，说停的什么车啊，回头又要招人骂。“听他这么一说，我立马火气往上蹿。”她一边深呼吸，一边问自己，这股火是什么？在表达什么？

梳理了一下，她发现这火是针对爸爸的，心里的声音是：“没有停正就告诉我重新停一下嘛，总是指责我，拿别人压我，害怕这个说什么，害怕那个说什么，怎么就不关心下我的感受呢。”她说，那一刻她终于认识到了，为什么不愿意和爸爸一起出行，一起做事情。借着这个机会，她把心里想的大声说了出来。她说，爸爸当时一脸意外的表情，嘟囔了句“脾气还挺大”，也没再说什么就指挥着我重新停车了。

【案例故事】

你什么时候回家？

有来访者跟我说，特别烦他爱人给他打电话问：“你去哪里了？什么时候回家？”他觉得自己的人身自由受到限制了，去哪里都需要报备，和朋友吃个饭喝个酒还得惦记回家的事，玩都玩不尽兴。

后来了解到，他爱人小时候父母去上班，经常把她一个人放在家里，特别无聊，孤单寂寞害怕，特别盼望爸爸妈妈的出现，每天都是算着时间等爸爸妈妈回家。知道了她爱人这样的经历，就不难理解她每次问“你什么时候回家”背后的需求了。她渴望爱人能够陪伴她，和她在一起，让她不要再经历那种孤单寂寞，一个人在家里苦等的过往经历了。

而他的经历则是这样的，小时候，父母工作忙无暇照顾他，他被寄养在爷爷奶奶家里。爷爷奶奶生活作息很有规律，对他管教也比较严格，要求他放学后要及时回家做作业，不能随便出去玩。作为一个孩子，尤其是男孩子，放学之后疯玩一会儿是非常开心的事情，经常一玩起来就忘记时间。可是他每次回家晚一些，都会遭到批评。所以，在他的记忆里，对于在玩乐时候要回家是非常反感的，玩得不尽兴不说，还要挨批评。当爱人问他去哪里了，什么时候回家的时候，就触发了他过往的不愉快记忆，于是反感爱人追问他的去向，反感爱人催他回家。

你到底爱不爱我

有网友总结女人最爱问的问题，排在第一的就是“你爱我吗”，以及这个思维衍生出来的系列问题：

你爱不爱我？

你是真的爱我吗？

你爱我的什么啊？

如果我和你妈同时掉河里，你会先救谁？

……

在几乎所有的婚恋关系里，不管男女，心中都会有这个问题冒出来。通过这个问话，期待确认关系的双方，听到对方的回应，可以做出下一步的反应。如果是肯定答案，心里就踏实了。如果是否定的，难免会伤心难过，有些人会反思自我，再做努力，有些就可能失望伤心地离开关系。大多数时候，女人在亲密关系里安全感相对弱一些。尤其是一些内心不怎么自信的女人，对来到身边的爱情需要一个确认的过程，或者生活中有些信号让她觉得不安全了，她就会重启这个程序，再次确认男人是否爱她，直到她觉得安全舒服了。

女人的这个心理情结根源已久，几千年封建男权文化里，一个男人可以决定女人的生死存亡，女人处于弱势状态，要娶要分都是男人说了算。女人没有工作和经济来源，男人就是女人的命运掌控者，依附于男人的女人没有男人的庇护几乎没有生存路径。如果有一个爱自己的男人，几乎就是拿上了一份人身保险。

现代社会虽然不同了，但许多女人骨子里还有托付心态，有男人确定的爱，才有安全踏实的亲密关系。同时，现代社会的各类亲密关系伤害事件，也让女人们对男人的信任感有所迟疑。所以，遇见一份爱，开启一份关系，往往需要多次确认，才会心安。

如果，你是一个女人，当你发觉自己在问“你爱不爱我”的时候，请多一些自我内心的觉察。这句话背后的情绪有哪些？你的需求是什么？

如果，你是一个男人，请理解女人这句话背后的需求，给她一些适合的回应，你就更容易拥有幸福的亲密关系。

以上的内容，希望对大家觉察自我有些启发。分享几个向外了解他人，向内了解自我的提问方式：

1. 你现在的感受怎么样？

2. 你需要什么?

3. 实际上你最想要什么?

4. 你现在最想说什么? 对谁说?

5. 这件事你的理解是什么?

6. 你觉得自己有什么放不下的地方吗?

7. 这件事情，你想怎么办?

8. 你最看重的是什么?

来，进行我们的自我探索吧。

【自我探索】

1. 你经常问的问题有什么？有什么规律吗？

2. 你经常问别人的问题有什么？

3. 你经常问自己的问题有什么？

4. 不同的问话，对方会有什么不同的反应吗？

【觉察工具】

记录句式：

1. 当我问他 / 她________的时候，我发现________。

2. 当我问自己________的时候，我发现________。

【示例】

1. 当我问孩子你作业做完没有的时候，我发现他开始紧张不安。

2. 当我耐心地问孩子你是怎么想的，你需要我做什么的时候，孩子跟我分享了他内心的小秘密。

3. 当我问老公这个月可不可以把沙发换了的时候，我发现他又不高兴了。

4. 我发现自己特别喜欢问自己“怎么办呢，去还是不去”，好纠结啊。

我觉察自己想些什么

“想”这个字，简体、繁体都是这么写，是传承字，意思是因心中有所期待而思念、思考，是从心出发的思维活动。

每天思念、思考的内容，就是大脑的思维活动过程，如同一台计算机正在执行的程序，执行的程序不同，会呈现出不同的界面。而人们经常想念什么人，思考什么事情，内在是平静的还是纠结的，是忧伤的还是喜乐的，也会通过情绪状态、生活习惯、行为表现等呈现出来。

比如把思念和期待藏在心里的林黛玉，每天心事满满，觉得自己孤苦、可怜，没人理解自己、宠着自己，悲悲戚戚，寄情于落花流水，经常有“感时花溅泪，恨别鸟惊心”的心境。所以，她会拿着锄头去葬花，会对贾宝玉和身边的人说一些发狠的话，做一些有自虐倾向的行为。

人们的思维活动纷繁复杂，思念、思考有不同的指向，也有不同的侧重。这一节，我想和大家重点探讨思念的部分，也就是人们在进行想念、思念这样的思维活动时，潜藏的心理动力和内在需求。至于思维活动涉及的认知体系，在后面的内容中逐步和大家探讨。

想念、思念，都是从心出发的心理活动。心里经常惦记，长时间、多频次想起，就是内心在频繁启动与某个人物或者场景的关联，这个人或者场景曾经给我们温暖、舒服、熟悉的体验。所以，每一个念头，每一次想起，唤醒的是内心需要，是内心渴望的依赖和眷恋，背后的心理动力是想要回到那些温暖的、舒服的、熟悉的体验中去。

渴望的"渴"字也很有意思。你看，渴了想喝水，是因为身体缺水了，身体发出个信号告诉自己渴了，然后有个力量冒出来要去解决自己的缺水需求，这时候行动就出来了，去找水喝，喝水这个动作把缺水这个需求满足了，渴的问题就被解决了。反过来说，如果身体不缺水，大脑也不认为缺水（有很多时候，是大脑认为该喝水了，而不是身体确实需要水），也就不会有渴的需求出来。

在描述心理的时候也是一样的，心理的某些渴望，传递出来的信息是另一个角度的缺乏或匮乏。如果我们渴望温暖、舒服的亲密关系，那正说明我们在现有的生活里或者当下的状态里，缺少温暖舒服的关系状态，所以有个动力，想要获得这样的关系状态。

想念某个人，某个场景，或者某个抽象的概念，背后都有一定的心理动力。比如刚上幼儿园的小朋友，因为到了一个陌生的新环境，会想念妈妈爸爸，会哭闹着想回家。单身的朋友期待拥有亲密关系，摆脱形单影只的孤独。外出上班的爸爸妈妈会惦记不在身边的孩子，想念他们开心的笑容，惦记他们吃得怎样，过得怎样。身在异乡的游子思念家乡的环境和亲人……每一种思念里，相伴的既有愿望也有匮乏。

【案例故事】

放不下的前任

Z说他一直放不下第二任女友，这么些年了，那些曾经讨论过的愿望，那些一起走过的街道，一起喜欢的动漫人物，一起追过的明星，经常会在头脑中浮现。生活中的一些场景，也总把思念勾起来，叠袜子的时候会想起她教的叠袜子方法，买了些菜回家会想起她喜欢吃的味道，冬天下雪的时候会想起她怕冷，夏天海边度假的时候会想起她那条漂亮的裙子。

在一起生活的那几年，很多情境和话语行为似乎已经住进了身体，成为自己的一部分，怎么也忘不掉。

我问他为什么要忘掉这个女友？他说，总是想起来，但又不在一起了，感觉遗憾、伤感，不想自己这样，想放下这段感情，开启新生活。

我又问，为什么第二任女友留下的印象这么深刻，其他女友似乎没有听你说起。他说，其他女友在一起的时间都不是很长，而且在一起有好多不合，想法、兴趣爱好不同，怄气、吵架的时候多，不愿意想起。第二任女友就不同了，在一起有好多开心的事情，似乎她有魔力一般，和她在一起的好多细节都记得。

我说，听起来，在你比较和不同女友相处的细节时，你的心情和感受是不一样的。他说："是啊，现在想起第二任女友，基本都是温馨的场景，所以遗憾伤心，后悔错过了她。""所以，你放不下的是第二任女友的好，因为和她在一起，你感觉舒服开心。或者说，你放不下的是和第二任女友在一起的那些感觉。因为那些感觉在现在的生活里再难出现，所以更加怀念，甚至遗憾伤心。"

我又问他："和第二任女友在一起的时候，你会经常想起第一任女友吗？"他说："不会啊，很少想起。""为什么呢？"我的一句为什么，让他似乎想到了什么："只要新的关系幸福满意，好像就不会特别惦记前任了。”

对现状不满意的人，才更容易怀念前任。

很多朋友都有放不下的前任，前任女友、前任男友，或者前妻、前夫等。与这些前任在一起的时候也许关系里有开心也有冲突，走着走着，矛盾和积怨越来越多，心底便会渴望理想化的、更美好的关系。终于有一天，当双方忍受不了彼此间的矛盾冲突，或者发现了更有吸引力的目标，就分开了。

有些朋友离开前任会处于一段时间的单身状态，却发现一些习惯已经和对方紧密缠绕。尤其是一个人感觉孤单无助，或者遇到挫折的时候，就会越发怀念对方。这个时候，就是一个人孤独挫败的痛已经超越了和前任共处时的痛。在这些情绪的推动下，有些人会回去复合，但后来发现，复合后很快又陷入共处时的矛盾之痛里。

有些朋友离开前任会快速建立新的亲密关系，走着走着，发现现任在好多事情上还不如前任呢。一旦对比出现，与前任的种种美好回忆就会频繁被唤醒，甚至还会经常梦到前任。也就是说他们在分手或者离婚后，过得不如之前，就会对比出前任的好。

如果我们内在的法官经过各类验证，发现和前任在一起的受益更多，天平就会倾斜给前任。再加上人性中趋利且希望个人获益最大化的本能，会给我们的潜意识一种动力，让我们反复听到这样的声音，“还是前任好”，“现在的局面不如以前”。于是内心会产生渴望，要和前任在一起，继续享受曾经的美好。

惦记、想念前任，背后的心理过程大概就是这样的。其实，这种惦记和想念，更多的是为了安慰现在过得不好而失落的自己。所以，把当前的日子过美满了，对前任的想念也就放下了。

小提示 由于人们的潜意识内容藏得比较深，不容易识别，内在法官是我和来访者讨论内在自我的时候常用的一个形象化表述。内在法官受人性基本需求影响，渴望自我利益最大化，会对发生的事情进行利弊得失的评估，推动个体做出决定。当然，个体的内在法官大部分是主观且盲目的，基于个人经验做判断。从某种角度来讲，认识自我的过程，也是一个认识内在法官的过程。

满脑子都是孩子

许多家长，特别是女性家长，整天对孩子各种担心，一颗心有大半在孩子身上悬着。上班时间，满脑子都在惦记着孩子。

爷爷奶奶或者姥姥姥爷是不是让孩子及时吃饭了？睡觉怎样啊？玩得开心吗？老人千万可别给孩子吃乱七八糟的东西，不然又该生病了……

孩子上学路上安全吗？会不会又被老师批评了？放学回到家了吗？有没有认真写作业啊……

不放心社会的治安，不放心被他人照顾，不相信其他人能善待自己的孩子，不相信孩子有能力照顾自己……没有信任，滋长的就是怀疑。怀疑老人，怀疑老师，怀疑孩子，怀疑周围所有的人和事。然后就想去控制、干涉和改造，把各类关系搞得剑拔弩张。时间长了自己又疲于应付，焦躁、疲惫，形成恶性循环。

有些家庭夫妻关系不和睦，或者干脆是一方缺位的状态，丈夫经常加班、出差，在家时间很少，家庭事务参与也很少。这样一个家庭里，孩子的生活起居、教育学习等诸多事情，就主要由妈妈承担了。同时，由于丈夫缺位，妈妈作为一个女性的情感需求很难得到较多的理解和满足，也会无意识地回避夫妻关系，而把更多精力投入孩子身上。单亲妈妈就更容易这样了，孩子特别容易成为她的第一重心。

有些妈妈把过多的精力投入孩子身上，甚至有为了孩子牺牲自我的想法，经常对孩子有“要不是为了你，我早就怎样怎样了”之类的表达，抱怨和委屈溢于言表。当孩子接收的信息是妈妈为了他而不幸福的时候，似乎孩子要为妈妈的幸福承担责任。这样的责任，实在是太重大了。

如此“高浓度”的爱，会对孩子形成强大的心理压力。许多类似境遇的孩子，会向咨询师表述说有窒息感，被密不透风的爱和控制裹挟得喘不过气来，这样的责任承担不起，甚至有深深的愧疚感等。

小提示 那些满脑子都是孩子的朋友，需要更多地觉察下，自己是怎么看待孩子的，是否尊重到孩子作为一个独立个体的基本能力和权利？是不是在无意识地“利用”孩子来弥补亲密关系的缺失？对孩子特别上心所展现出来的付出和牺牲，又在满足自己的什么心理？一个满脑子都是孩子的家长，可以给孩子树立怎样的榜样形象呢？

思念逝去的亲人

有一些朋友在经历了亲朋好友离世后，经常想念远去的亲友，哀伤情绪久久不能平复。

哀伤关系的处理在心理学上有个专门的体系，叫哀伤辅导。

如果是亲友远去已久，哀伤依然较多的朋友，可以选择去做专业性的心理辅导，请咨询师做一对一的疗愈，因为巨大的情绪后边可能藏着一些创伤。或者，也可以参加一些哀伤辅导的团体活动，以更安全、更温和、更关照自我的方式，处理哀伤，修复内心的伤口。

2020 年的新型冠状病毒大流行，给很多家庭带去了灾难性影响。又由于疫情期间的防控措施，无法以寻常的方式告别、祭奠，抒发悲伤情绪，这会给失去亲友的人们留下很深的创伤，如果这些朋友可以有意识地寻找专业的心理支持，那么将会给他们的内心带来很大的抚慰和修复。

在没有开始专业辅导之前，也可以试着从以下几个方面进行一些自我疗愈。

1. 有哀伤的情绪出来时，找个安全、温暖、安静的地方，释放自己的情绪。大哭一场很必要，甚至你可能需要大哭好多场。哭的时候，觉察自己的身体感受，避免过度悲伤对身体的冲击。

2. 为远去的亲人做一些告别仪式。以家乡的习俗或者亲人认可的方式，或者你认为可以表达自己哀思的方式进行。投入地、用心地准备整个流程，在过程中与远去的亲人好好地告别。

3. 可以给远去的亲人写信，倾诉自己最近发生的事情，可以留存下来，也可以烧掉。

4. 在心里给他们留一个位置，清明节或者一些纪念日，用一些形式祭奠。

5. 升华这份哀伤，感恩他们曾经为你做的事情，感谢他们曾助力你前行。过好自己的生活，活出他们对你的期待。

无论思念什么人，过多的想念、思念，就好似把心放在了那个人身上，随对方去了某处，而自己这里，则是一个“心”缺位的状态。有时候，大家说某个人心不在焉、神志不清，等等，描述的就是“心”“身”不在一起的状态。有些方言里，说人失心疯，就是在描述一些精神分裂患者的状态。

想得过多，过于把心悬在其他人、其他事上，容易造成心身分离、焦虑烦躁、情绪波动大、行为急躁、做事冲动等，这样必然会影响到我们日常的生活、工作状态。觉察我们平时想些什么，消耗多少时间精力，可以更好地了解自己的关注点、损耗点，理解一些内心情结，及时地调整应对。

一起来自我发现吧。

【自我探索】

1. 你经常想念谁？经常惦记谁？

2. 你想念他们的什么？和他们的互动场景有什么？

3. 想的过程里，有哪些情绪？

4. 这样的想念，对你的生活、工作、身体健康有什么样的影响吗？

【觉察工具】

记录句式：

1. 当我想起________的时候，我感觉________，这给我的影响是________。

2. 当我遇见________的时候，我会想起________。

【延伸练习】

给你想念的人写一封信，或者好几封信，把你想对他们说的话写出来。写完后，可以寄给他们，也可以留存下来，或者在某个仪式上烧掉。

我觉察自己的思维模式

怎么理解思维模式呢？简单来说，就是人们在认识周围的环境、他人的时候，通常受内在的一套思考方式影响，评估之后做出情绪、行为上的回应。每个个体基于个人经验阅历形成的价值观、信念、规则，以及对周围的假设，综合起来构成独特的自我，自我个人化的思考路径就是我们要探讨的思维模式。心理学专业书里，一般叫作认知模型、认知模式，我觉得认知模型、认知模式听起来有些专业的冰凉感，思维模式似乎更形象些。

无论怎样，这些概念对不研究心理学的朋友来讲可能会有些陌生。还是举个例子吧，一台电脑，你打开输入法软件，输入xinli，就自然地蹦出来有关的词语供你选择，而且往往排第一的是你经常选择的，比如，我的自动就蹦出来“心理”二字。这个过程我们不知道是怎么发生的，只是输入指令，有了结果。但这个结果的呈现不是凭空而来的，是因为电脑内部有一套复杂的程式语言，帮助使用者简化了整个过程。电脑的思维模式，就是它内部的程序语言逻辑。

人类大脑，如同电脑，也有一套属于自己的独特的程式语言，而每个人因为成长经历、文化背景等的不同，也有自己独特的思维模式，没有有意识的觉察，我们也很难知道它们的运作过程。

在做自我探索的过程，追根溯源，了解自我内部的程式语言，认识自己习惯性的思维模式，去看一看多年前的经历和经验储存下来的认知状态，去看一看当年的“马屁股”，那些认知和经验是不是适应当前的生活，又对当前的自己带来了怎样的影响。这样，就有机会适当地修正多年前写好的已经不适应现在的程序，改变当前及以后的自我状态。

说到思维模式，这是心理学的认知流派研究多年的内容，有好几个分支，体系比较庞大，专著也非常多。我主要选取几个比较容易讲清楚的，也比较好操作的内容跟大家做些分享。

埃利斯认知 ABC 理论

心理学家埃利斯（Ellis）创立的认知 ABC 理论认为，人的压力和情绪并非单纯地由刺激所引发，而是起因于自身的信念、价值观对于刺激事件的看法和诠释。

A（activating event）是外界刺激，什么人说了什么事或者环境刺激的发生，经过 B（belife）的加工，触发了相应的 C(consequence)，也就是行为和情绪。

举个例子：

	A（刺激）	B（看法）	C（行为和情绪）
案例 1	失恋了	太好了，我可以找新的女友、男友了	开心地喝酒庆祝，寻找新的关系
案例 2	失恋了	我被抛弃了，被否定了	伤心难过，借酒浇愁、寻死觅活

所以，影响一件事的并不是事件本身，而是这中间的信念、观点。萨提亚家庭治疗的创始人维吉尼亚·萨提亚，有一句广为流传的话“问题本身不是问题，如何应对才是问题”也是在表达这个观点。

每个人的生活里，大大小小的事情每天发生很多，怎么去理解发生的事情，怎么解读他人的互动，直接影响个人生活里的情绪状态，行为结果，一言不合就吵架大多数就是这么来的，看看身边发生的事情，家庭关系里的冲突矛盾，街上吵架打架的，包括国家与国家之间的一些争斗，多数是因为一些观点不合，甚至过度解读所导致。

每个人同时具有理性信念和非理性信念，大多都或多或少地被内在的一些不符合常理的信念所影响，导致一些负面情绪和不适当行为的出现，尤其是那些有情绪障碍的人。

埃利斯总结了非理性信念的三个特征：

绝对化要求：对人对事绝对化要求，需要完美化满足，不留弹性空间。

糟糕至极：一旦事情不顺利，夸大化认识其影响，甚至灾难化认识发生的事件，把当前发生解释成未来发生，忽略变化的存在，忽略人的成长动力。

过分概括化：用局部概括全部，犯错就失去价值，没能力就没价值。

识别自动化思维

可以理解为不假思索的，自动化执行的思维逻辑。也就是对一些现象、关系，很多时候，人们为了节省资源自动化执行内部思维逻辑，做出回应。

这让我想到了我小时候，大概小学有两三年的时间，经常遇到这样的场景。放学路上或者课间玩耍的时候，有些调皮的男生会吓唬人，大喊一声“蛇”，大部分小朋友立马四散逃跑，不会确认是不是真的有，有个怎样的蛇，大的还是小的，会不会构成威胁。只是因为听到了“蛇”这个字的发音，就做出了逃跑的决定，并执行了。

解析一下这个过程，听到“蛇”，可能头脑中联想起了被蛇惊吓的场面，或者很多人没有被惊吓过，只是听过蛇是危险的动物。蛇和危险建立连接，启动身体里的经验感受——恐惧情绪。为了避免经历恐怖的场面，需要作出下一步的行动，进行自我保护（危险来临的时候，人们一般有两种应对方式，抗争或者逃跑）。这时候，在危机的状态下，听到有“蛇”的呼喊时，许多小朋友已经快速地作出了选择——逃跑，然后大脑指挥自己的身体，扭转身体，确定方向，快速做出双腿交替向前的动作……

这里做出逃跑决定的前提还有一个，就是他们已经评估过了，认为自己不能对抗出现的危险。从听到“蛇”这个音节，到四散开来，整个过程的发生可能也就一两秒，甚至更短的时间，人们没有时间去细细经历各阶段的心理思维活动，就根据经验作出了决策。或者说，很多人的内心（也可能在基因层面），已经把整个过程缩减成了“危险—逃跑”这样的简化认识，并储存到了身体里。一旦遇到危险，识别有关信号时，立刻启动逃跑选项，所以，可以在一秒钟甚至几十毫秒的时间里逃离危险境地，保存生命。这一类思维模式，是人们为了保护自己进化出来的能力。

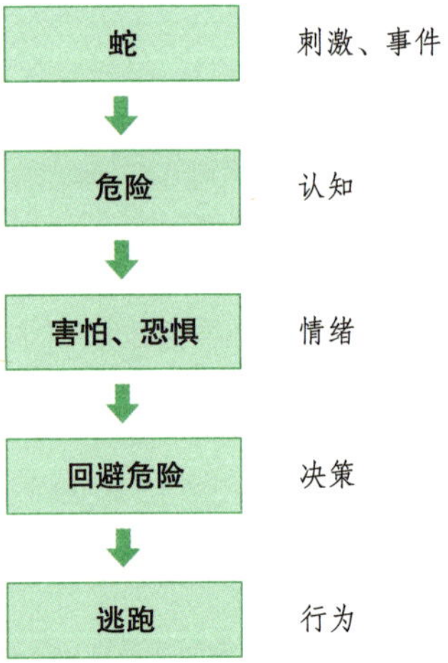

被提问的焦虑

提问、询问——考察、考验

当有人询问你的想法时，你会不假思索地认为，提问的人要考察你的知识、能力怎样，是一种考验，或者是一种试探。

在咨询中，我有时候会问来访者“这件事情你是怎么理解的”，一些来访者听到这样的问话，立马紧张起来，心中的潜台词开始运作“老师要考我，我该怎么回答，哪些能说，哪些不能说，她会怎么看我……”觉察到来访者的细微情绪变化，我会和他们探讨，“当我询问他们的想法时，会有什么情绪出来”。有一些来访者会说，自己紧张，不知道该怎么回答好，甚至有一两个来访者还曾经出现过手心冒汗、眼睛痉挛之类的身体反应。

遇到这样的来访者，我往往会把这个部分作为一个议题，去看看这些被唤起的情绪和身体反应，让他们想起了什么，是不是某些过往经验被唤醒了。

不少来访者会说，就像过去上学被老师提问，害怕回答得不够好，被老师嫌弃，被同学嘲笑，会担心自己露怯，让别人觉得自己笨……课堂里曾经发生的一幕幕过往，就会被唤醒，影响当下的反应和思考。

或者是被家长拷问，尤其是一些家长表面上询问孩子的想法，但实际上是套出了孩子的想法后，反而采取一些极端的做法来针对孩子。一个典型的案例，有一位来访者，初中时候父母找他聊天，貌似很关心他，很平等地想要理解他，询问他和女同学的关系、对女同学的看法等。后来他发现自己对父母的信任，成了伤害同学的源头！父母去找了女同学的家长，说两人早恋，需要双方家长采取联合行动，扼杀他们的非分之想于萌芽……这场闹剧，让自己成为年级里的笑话。类似的事件带来的伤害，以致让一些来访者，以后不敢和父母谈心，不敢和父母说实话，甚至面对一些日常的询问，也变得紧张和警惕。因为，一旦说了真话、实话、内心话，有可能成为以后被嘲笑的把柄，也有可能成为自己出卖朋友的材料，还有可能成为父母限制自己自由的理由……

害怕关系里的沉默

沉默、冷场——有事情要发生

有一部分朋友的自动思维是，一旦两人或者多人对话中有沉默、冷场出现，就开始焦虑，认为有不好的事情要发生。

生活中有些朋友特别害怕冷场，受不了聊天过程的沉默，似乎如果没有声音就特别尴尬或恐慌。为了避免尴尬出现，有些人会主动暖场子，活跃气氛。而那些不会活跃气氛的，又承受不了冷场的，会在大家都沉默的时候坐立不安，激发一些情绪出来。

有一些来访者，就会这样。他们会滔滔不绝地讲，生怕没有话题一般。有时候咨询师不说话，适当的沉默是给咨访关系一个空间，也让来访者觉察自己的情绪，思考内在发生了什么。这时候，不少来访者就坐不住了，开始有情绪出来，惊讶、探寻，或者焦虑和愤怒，怎么不说话了？是我哪里说错了吗？你想干什么为什么不直接说出来？

【案例故事】

沉默的威慑力

K 的爸爸是个军人，记忆中的爸爸很少在家，只是有时候休假会在家里待一段时间。这期间，如果自己犯了什么错误或者调皮了，妈妈就会让爸爸来管教。爸爸也不说什么，就那么静静地看着他，让他主动认错。K 和妈妈斗争的经验是，如果承认错误定会招来一顿打骂，如果扛着死不承认，妈妈也没有招儿，骂一阵子也就过去了。

遇到爸爸来管教，K 就慌了，一是心里面对爸爸本来就犯怵，怕他，看他一拉脸子就紧张。二是害怕自己心里的小九九被爸爸识别出来，遭一顿胖揍，要知道爸爸可是高大威严的那种。三是本来自己有错，心里已经有些怕了。所以，只要爸爸把他叫到身边，看着他，等他主动认错的架势一摆开，他就慌了。

英国著名精神分析心理学家唐纳德·温尼科特曾经就人们对沉默的恐慌表达过一些观点。温尼科特研究母婴关系对人的影响，他认为对于一个婴儿来讲，最初来到这个世界时，妈妈（或者抚养人）就是他的一个重要环境，特别希望饿了有人给吃的，渴了有人给水，眼神得到互动，发出的“哦哦啊啊”声音能有回应。如果饿了没人理，尿了没人管，没有人回应他的需求，周围没有人没有声音，他们会感觉恐慌，经常处于这样没有回应的状态，他们甚至会绝望，似乎来到了一个绝境。对于一个婴儿来讲，**无回应之地就意味着绝境，会激发他们的无意识恐惧**。就如同成年人在沙漠里，天地茫茫，没有同伴，没有回应，特别容易激发关于生存的本能恐惧，出现情绪崩溃。

常见的自动化思维：

事情太困难了

我不行，我做不到

男人都喜欢漂亮的女生

漂亮女生都喜欢有钱男人

那样我就无法做自己了

他就是那样的人，我改变不了

这一刻懈怠了，就会一直懈怠下去，就会成为一个碌碌无为的人

不能让人知道我不懂

我要显得很厉害

做事情不能给别人留下把柄

没有人值得信任

要是有人来帮帮我就好了

他们总是欺负我

……

好多好多啊，大家去觉察自己的一些常见观点吧，尤其是那些带给自己情绪的想法。

常见的归因方式

中国有句俗语，说人生在世不如意之事十之八九。

还以喝水为例，当人们渴的时候，为满足个体需求，会有个力量驱动着去找水，如果找水过程不顺利，一些情绪和行为就出来了。

有些人，找不到水，怪环境怪他人，怎么连个水都没有，觉得是他人的过错，发飙，指责他人，抱怨、使性子、骂人等。这类人遇到问题，把不顺利归责于他人，向外攻击发泄。有问题都怪别人的属于外归因。

有些人，找水不顺利，会怪自己，觉得这样的结果一定是自己的原因。比如，能力不够，或者自己魅力不够，或者这是个考验，或者自己不够好被忽略了等，反正总能找到原因归咎于自己。于是，会有挫败感，自责感，或者陷入自我价值低的情绪里，挫败、低落、抑郁。这类人遇到事情习惯归因于自己，向内攻击自己，很多抑郁症患者就有这样的思维模式。有问题怪自己的属于内归因。

而有些人，就会全面评估找水不顺利的原因，整合环境、自身与他人的系统关系状态，试着寻找突破口，既不会陷入怪他人的情绪里，也不会陷入怪自己的情绪里，而是专注于解决找水的过程，努力达成找到水的结果。这类人在归因的时候，相对客观全面，就事论事，不会陷入情绪里，属于客观归因。

以上这三种情况，便是日常生活中常见的归因方式。

思维模式的代际传承

【案例故事】

害怕成为碌碌无为的人

来访者H，特别害怕自己不够好，在很多场合会无意识地想要成为全场的焦点，成为那个最优秀的人、胜利者。一旦这个场合有人比他更受欢迎，比如领导更重视别的同事，有同事业绩闪亮等，只要自己被身边人比下去了，他就特别挫败伤心，担心自己不被领导器重了，担心以后领导给自己小鞋穿，未来日子就没好果子吃了。

他的无意识恐惧很多，不仅仅在职场，与好朋友相处，与太太在家庭里的琐事上，他都会一争高下，论出输赢。而且，自己成为那个“赢家”才舒服。

他要求自己必须每天追求上进，害怕一松懈就再也不想拼了，然后就成了碌碌无为的人，就一直处于公司的底层，做普通职员。他特别担心自己成为一个没什么成绩的普通人。

听起来你觉得成为普通人很恐怖?

是的，如果成为一个碌碌无为的普通人，就要看领导的脸色行事，就会遭受不公平的待遇，被人欺负被人看不起……活得憋屈的话，活着也没有什么意义了，活着干啥呢？多丢人啊。

丢谁的人呢？

丢自己的人啊，丢父母的人啊。废人一个。小时候我爸经常拿我和他一个同事家的孩子比，只要我考得不如那个孩子，我爸就训我。初中有一次，我考砸了，我爸妈一个暑假都不和我说话。他们认为我不求上进，不好好学习，给他们丢人了。那个暑假我害怕极了，害怕他们把我赶出家门。

他的爸爸出生于新中国初期的北方农村，小时候家里特别穷，挨冻受饿是经常事，十几岁就去干苦力，挖煤、拉木材，只要哪里有活可以干，他都去，再远再累也会坚持做下来。就为了接济一家人的生活，有口饭吃，下边弟弟妹妹还小，他就是家里的顶梁柱，奶奶也是个要强的主，鞭策他“吃得苦中苦，方为人上人”，让他努力干活、努力学习，带领弟弟妹妹走出农村，别再面朝黄土背朝天困在小村庄。

爸爸也是很争气，据说白天干活，晚上熬夜苦读，终于通过了县城的一个考试，去当了工人，摆脱了农业户口。

在生存危机的逼迫下成长起来，且备受磨砺的爸爸，当了工人后也时刻有危机感，生怕在竞争的洪流里，被内心的满足感打倒，学习、工作，力争上游，鞭策自我的同时，对儿子的教育也抓得很紧。

爸爸用鞭策自我的方式鞭策儿子，担心儿子在优越的条件下，志得意满，不求上进，拿着放大镜寻找儿子的不努力、不上进行为，时常训诫，要好好学习成为有用的人，成为一个有大用的人才。还拿身边一些不思进取的反面教材教育，言谈中认为那些人一辈子完了，成为废人一个，混吃等死。

这让来访者的内心，对自己要求极高的同时，又经常焦虑惶恐，个人心理和情绪冲突特别多。

在化解与爸爸的关系阶段，当试着去了解爸爸是怎么成为这样的人的时候，H把奶奶抬了出来，说奶奶比他的爸爸更厉害，是家族里的女王，骂起人来狠得不行。

H的奶奶，出生于20世纪30年代，经历战乱和饥荒，靠着自己的不屈不挠活了下来，在多年的生存危机追赶之下，活着，不被人欺负，更好地活着，就是奶奶最大的信条，所以，在教育自己子女的时候，奶奶也是这样，尤其是对长子（H的爸爸），有着极高的期待和要求，时常耳提面命，要老大努力上进，不要再在农村吃苦受穷，不要再经历没钱没势被欺压的日子，也会时常给孩子们讲战争期间的故事，讲自己被羞辱的过去。

某种角度，奶奶的教育倒也有效果，几个孩子都很努力，走出了农村，对老太太也非常孝顺。但也许她老人家不知道，被焦虑和恐慌追赶的子女以及孙辈都经历了怎样的内心煎熬。

我曾让H思考，这些年的经历中，有因为自己是普通人而被羞辱的经历吗？或者是被欺负被看不起吗？他说，“这些年因为不够优秀，唯一欺负过我的就只有我父母，外人还没有”。那你的思维里，有个逻辑，如果自己碌碌无为就要看人脸色行事，就会被欺负被羞辱，这是怎么来的？“我从小就是这么认为的，我爸就是这么教育我的”，“现在想想，我爸的这些逻辑是我奶奶教给他的”。

是啊，头脑里一直奉行的逻辑，“做个碌碌无为的普通人就会被羞辱被看不起，是我们被灌输的观念”，没有被验证过，却执行了多年，也因此焦虑惶恐了很多年，用一根无形的小鞭子抽打了自己好多年。

数千年的封建社会，大部分普通百姓权益得不到保障

> 不说，不公平事件频繁发生，很多时候还会被贪官污吏和地主豪强欺负压榨，“活着，不被欺负地活着”这样的信念深入许多普通百姓的血液。加上清朝以来被西方列强骚扰侵略的历史，从1840年的鸦片战争到日本战败投降来算的话，一百多年里，上演了数不尽的人间惨剧，积弱积贫的国人，被极端羞辱，生命、尊严被严重践踏……

这些深入骨髓的生存危机和凌辱，会融入每个后代的血液，化为生活中的言行举止，比如，自尊心极端敏感，害怕被欺压凌辱，害怕受到伤害等。也因此容易过度解读周围的信息，特别喜欢其他人说自己的好话，被夸的时候沾沾自喜，过度解读他人的好话；当然，也容易过度解读他人的评价和批评，被批评的时候气急跳脚，觉得对方看不起自己，羞辱自己。

为了避免被伤害，会发展出系列自我保护策略，比如，通过自身努力，变得更强，时刻保持危机意识，小心谨慎外出不惹事，警惕“落后就要挨打”的局面再次发生，特别珍惜现有的安稳生活等。

“70后”“80后”“90后”，“95前”这三代人，父辈多数出生于新中国成立前后，经历了国家一穷二白的局面，经历过受冻挨饿的日子，骨子里对于生存的恐慌和焦虑还是很深，这些恐慌焦虑会直接投射到孩子的养育、教育中。为了避免内心恐慌的事情发生，他们用自己的经历经验指导孩子，严厉管教，戴着有色眼镜看待周围，生怕孩子不听从“老人言”而吃亏受挫。

于是，祖辈的恐慌传给父辈，父辈的恐慌传给子女，子女如果不觉察不修正，也会影响自己的子女……言传身教中，心理特质也在传承。

近几十年的中国已经发生了翻天覆地的变化，时代的发展，以及多元文化的冲击，让许多父母和子女发生了严重的冲突，这时候，遇到问题时，往内心去看看，了解自己的一些观念和价值观的来源，甚至梳理一下自己的家庭、家族事件，往往可以得到意想不到的收获。

【自我探索】

1. 你思考问题的路径有什么？你内心的处事标准有什么？

2. 当一些情绪发生，伴随这些情绪的观点有什么？

3. 试着梳理你的家族，你和爸爸妈妈有什么类似的性格特点吗？爷爷奶奶或者姥姥姥爷也有吗？

【觉察工具】

记录句式：

1. 当我感到________的时候，我发现头脑里________。

2. 当我感觉________的时候，我的理由是________。

3. 当________的时候，我认为________。

4. 我害怕 / 喜欢________，是因为________。

【示例】

1. 当我感觉沮丧的时候，我发现头脑里有个声音在批评自己。

2. 当我开始和先生吵架的时候，我认为他对我撒谎了，这让我很生气。

3. 我讨厌冷场，因为我受不了那种没人说话的尴尬。

4. 很多时候，我抢着买单，是因为我害怕别人说我小气。

我觉察内心的规则和禁忌

说到规则，不得不提“规矩”，规则是规矩的引申词语。“规”和“矩”两个字分别是度量、矫正圆和方的工具。圆规大家都知道，小学时候画圆的工具，也是测量圆是不是够圆的工具。而“矩”则是曲尺，可以画直角和方形的工具，也可以测量直线长短和角度的大小。慢慢演变下来，“规矩”“规则”开始用来表述社会文化里包含的普遍的伦理道德规范以及行为准则，在人们的日常生活中发挥着指导、约束行为，协调人际关系等重要作用。

这让我想起了我小时候，家里边会教很多礼仪和规矩。比如，见到邻居、亲戚、师长，要按辈分称呼，要主动打招呼，而且要尊称“您”，不能随便称呼“你”。吃饭时要礼让长辈；不能在盘子里翻拣爱吃的（我爸说，翻拣菜像小鸡刨食，不礼貌）；吃饭不能吧唧嘴。做人、做事不能太计较，要大度一些包容一些，别怕吃亏，等等。

也有来访者在和我探讨家庭规则的时候说，他的家人常教育他的一句话是“要做规矩人，做规矩事”。所以在他的概念里，从小学到大学十几年，他从不迟到，也从不会翘课，在他看来，那些翘课的同学太大胆了，“一点规矩没有”。他有个内在信念，“无规矩不成方圆”，所以规则意识特别强，经常觉得顺着一定的规矩和轨道做事情才会踏实。在梳理内在的规则怎么影响他的时候，他说，家庭灌输的规则和礼仪，让他非常自律，甚至很多时候有一种苛刻的标准，给自我造成过大的压力，不过也给他带来了不少益处，他身边的人普遍觉得他特别踏实，是可以信赖的朋友。他也坦言，由于内在对自己的要求和期待非常高，时常觉得好多事情“不应该做”，好多行为“不可取”，慢慢发现有好多事情自己“做不到”。他说，内在规则越多，自我限制越多，以致很多资源看不见，或者就算看见了也不敢用，总有自缚手脚的感觉。

有些家长规则非常多，出门游玩，必须带上自己的被套床单洗漱用品，甚至有些家长带孩子出去游玩连马桶垫都带上，进酒店先里里外外打扫一遍，门把手和床铺、桌子、卫生间消毒一个遍。孩子吃东西，“这个不能吃”“那个不卫生不准碰”“那个小朋友没洗手，小心给你抹一身脏，离远一点”“女孩子就得文静可爱，不能疯疯癫癫地跑着玩”“男孩子不能随便哭”……过分强调清洁且脱离环境设置规则，会使得许多孩子和家长一样觉得外边世界是脏的，被洁癖、强迫症或者社交障碍、性关系障碍所困扰。当然，那些呆板而单一的规则，女孩子必须文静，男孩子不准哭的教导，直接让孩子学会了压抑情绪，变得刻板而僵化，缺乏对自我认识的灵活性。

还有些父母时常恐吓孩子，“外边的东西都有病毒，不要碰”“再不听话就把你送人”“再不听话就让警察把你带走，永远也别回来了”。孩子想去什么地方玩，家长不愿意去，就告诉他们“那里有大老虎和大灰狼，专门吃孩子”。还有些孩子，没告诉家长和小朋友外出游玩，回来后被家长关小黑屋不允许吃喝；一些调皮的孩子在未成年时开爸爸的摩托车飙车，被吊起来狂揍；曾经被狗咬过，被蛇惊吓过……一些恐吓内容，遭遇过的严厉惩罚，很容易变成孩子十分恐惧的事情，慢慢成为内心的禁忌。

大部分规则对人们是有益处的，但规则过多，就会变成很多禁忌，或者经历过重大心理创伤变成深层恐惧和禁忌储存在心里，则会给人带来一些过载的压力和限制。

遵守规则的益处

1. 适宜的法律、规则，大家相互遵守，可以让社会高效、安全运转。比如，大家都遵守交通规则，是为了让交通更顺畅、更安全，如果在路口相互争抢，既危险又低效，交通规则也是出现了很多交通问题之后大家研讨出来的。

2. 保护自己少受伤害。比如公园里的警示牌提示，老虎是猛兽，不要靠近。遵守规则的人就不会被出没的老虎伤害。

3. 减少认知过程，节省精力和心理消耗。跟着制定好的规则行事，省时省力，就像沿着轨道走，不用辨别方向。或者用过往经验去认识一类人、一些事情，可以快速做出应对。

4. 个体遵守所在社会和团体的规则，可以更好地适应与发展。比如，违反团体和群体规则的人，会破坏团体力量，大部分时候会被清理出局。新型冠状病毒肺炎期间，好多国家都对不遵守疫情防控规则，给他人带来传播风险的人进行了严厉的惩罚，或者处以刑罚，或者被驱逐出境等。在商业环境里，不遵守商业规则的人，迟早被自己的不良商誉毁掉。而守信经营的商家则会赢得更多的信任和发展。

内在规则过多的影响

1. 过于教条地遵守规则，容易缺乏变通，对于新事物新环境，难以更好地适应，甚至错失良机。

2. 自我限制多，可用资源少，严重的会影响个人事业发展、家庭幸福、身体健康。不应该、不可取，这个不行，那个不能做，这些自动化思维，变成一堵堵的墙，横在身边，让人寸步难行。基本上很多时候是自己为难自己。

3. 给自我过载的心理压力。抑郁、焦虑，时常情绪低落不开心的朋友大多有内心规条过多的特点。

刻板印象

内在规则较多的人，很容易对很多人很多事情形成刻板印象。

刻板印象是指人们对一些人或事物产生的比较固定、概括而笼统的看法，这些看法常常有刻板甚至偏执的部分，和灵活性相反，刻板印象往往影响人们的人际关系，事物学习，甚至影响个人发展。如果固执地拿某些刻板印象看一些人和事情，就像戴着有色眼镜，让个人主观认识做了主，造成认知错误。

我大学时候有不少少数民族的同学，苗族的、侗族的、白族的等，一开始组织班级或者年级活动的时候，大家总有一个印象是，少数民族的同学能歌善舞，希望他们多出一些节目，可我们班的几个同学刚好是少数民族里不擅长歌舞的。他们就会解释说，他们老家的寨子里确实有好多小伙子和姑娘能歌善舞，但不是每一个都是。还有个苗族姑娘跟我说，这个关于能歌善舞的梗，遇见的汉族朋友基本上都会问，她都不知道解释了多少遍。你看，如果我们按照刻板印象，非要他们像电视节目里看到的那样长袖起舞，就真的是难为他们了。刻板印象比较普遍的还有对于一些种族和民族的印象，比如人们对欧洲人、美国人的印象，和对非洲人、亚洲人的印象就很不同。

不过，刻板印象并非一无是处，许多时候用过往经验去认识一类人、一些事情，可以快速做出应对。人们在认识事物的时候，有捷径就会尽量走捷径，因为这样就不用花费太多精力去重新学习和认识，可以节省好多大脑资源，以及时间、精力等。比如，这个世界这么大，我们怎么在海量信息和有限时间里整合认识美国人、意大利人、巴西人、韩国人等的不同呢？基本上我们会根据了解到的信息，对这些国家的特点和他们的人民进行概括化认识，比如意大利的歌剧、巴西的足球和韩国的电视剧等。但意大利除了歌剧还有更多丰富多彩的部分，比如他们的美食意大利面、比萨，他们的民族文化里对家庭的认同和重视，古罗马文化对他们的影响等。

使用刻板的规则去认识人，解决事情，往往带来许多负面影响。

绑缚大象的是什么

去印度或者泰国，有些朋友会发现，拴住数千斤重量大象的不是粗大的铁链，而是细细的链子，询问驯象人，得到的回复是，大象小时候用细铁链拴住，它力气小，挣脱不开，慢慢就放弃了挣扎，顺从了铁链，加上驯象人的残酷驯化，大象就乖乖听话了。慢慢长大，就算它们已经成为庞然大物，人类已经完全不是它们对手的时候，还是会乖乖听话。

长期的残酷驯化，在大象的思维里，已经根深蒂固地种下了无数条规则和禁忌，吃什么、做什么、表演什么，不能做什么，完全听从驯象人的指令行事，再也没有了本性，要知道野象是非常凶猛的。可以这么说，小象是被铁链子绑住的，而大象则是被心中的禁忌绑住的。

现实生活中，很多朋友像极了被驯化的大象，一生只能在极小的圈子里活动。

【案例故事】

内心禁忌的威力：背叛父母会被惩罚

G是个乖乖女，对父母言听计从，非常孝顺。亲戚邻里都夸奖她，让自己的孩子以她为榜样，是典型的“别人家的孩子”。

但是G很不开心，甚至经常处于抑郁状态，有几年经常性失眠，要靠安眠药才能入睡。她说她活得太累了，她必须听妈妈的，必须做个孝顺的人。她说，“你不知道我妈批评那些不听话、不孝顺父母的人的话有多难听，如果邻里有哪家孩子和父母吵架了，不听话了，或者看到什么社会新闻了，她都说这帮人是白眼狼，父母当年早知道应该掐死他们，不让他们来到这个世界。来让他们干什么啊，跟父母作对吗？辛辛苦苦把他们养大，是为了跟自己吵架打架的吗？那些不孝顺的人，迟早要遭老天报应……”每次看到妈妈那个义愤填膺、恨恨的样子，我心里就告诫自己，不要成为那样的人。

其实，G也没有机会成为那些不听话的孩子。因为，一旦G想表达自己的想法，妈妈总有不同的方法应对她。小事情上会唠叨她：“你看不让你吃冰棍是为了你好，你这孩子怎么就不听话呢？吃了冰棍肚子疼，多难受啊。”大一点的事情上，妈妈会伤心抹泪，甚至有时候哭天抢地：“你翅膀硬了，不听话了，我这是上辈子欠了你啊，让你这么气我。”有时候，爸爸也跟妈妈一起批评G不孝顺，故意气自己亲妈。妈妈的心脏还不好，经常不舒服，体弱多病。G生怕哪天不顺她老人家的心意，气坏了妈妈的身体，自己就真的要愧疚一辈子。

而听话，顺着父母的意思，父母就会对自己好，嘘寒问暖，大事小事关心，甚至房子、车子、工作都给G安排好。感觉凡事都有父母撑着，遇到什么事情问他们就是了，就算他们经常恨铁不成钢地批评打击，但忍忍也就过去了，总比遇到事情自己去承担的好。

这样的事情多了，G心中再有想法，也不敢直接表达了，所有的不开心只能闷在心里。有什么事情都一一请示，妈妈让干什么就干什么。

到后来，她认为如果不听妈妈的话，就是背叛妈妈的要求，不能做一个听从父母、孝顺父母的人的话，会遭到上天的报应。开车出门害怕自己出车祸，做生意害怕自己赔钱，感觉总有无形的眼睛盯着她，让她听话，做个孝顺的孩子，如果不听话，就会被惩罚。听话、孝顺就是她学会的规则，而不听话就是背叛，背叛在这个家庭里就是禁忌。

在这些被深深植根于内心的规则、禁忌影响下，G似乎成了父母的傀儡，只能活出他们期待的样子，无法做自己。内心的压抑、冲突、害怕、焦虑和惊恐时刻影响着她。

这里无意批判什么，所有父母养育儿女都很辛苦，只是用恐吓要求儿女孝顺来安抚自我的疲惫，用控制子女来填补自我内在的焦虑恐慌，会给最爱的子女造成极大的心理压力，这样的爱并没有真的爱到点上。给到孩子足够的尊重，尊重他们作为一个人的权利和自由，母慈子孝的局面其实更容易达成。

影响内心规则形成的因素

影响人们形成内在规则和禁忌的因素，有多个层面。

第一，有文化层面的因素。华夏文化浩瀚博大，源远流长，汉字、汉语所承载的文化，对国人的影响是融入血脉的，比如，普遍认同的儒学、道家、佛家文化，有很多关于做人的名言名句，这些也会影响个体内在规则的形成，比如做人要秉承“仁、义、礼、智、信”，要“齐家、治国、平天下”，“先天下之忧而忧，后天下之乐而乐”等，尚礼重教，提倡人们做“谦谦君子”，行君子之风。中国人在国际上的辨识度就很高，比如普遍被认为是勤恳、自律、规矩，遵纪守法，不惹事等。

第二，还有国家的法律法规层面的因素。国家的良好运转和发展，有赖于法律、法规、文化、礼仪、风俗习惯、节日传统等。这些提倡的、禁止的内容，都会对生活在其中的人们产生不易觉察的心理影响。

第三，就是家庭层面的因素。每个家庭在成长与发展的过程中，也会发展出独特的家庭文化和规则，包括禁忌等。有些家庭会有族规、家规、家风、家训等，比如，历史上号称“家训之祖”的《颜氏家训》，传诵千年的诸葛亮《诫子书》等。当然，还有以孔子为发端的孔氏家族，至今还在执行严格的家谱续订，辈分排序，宗族祭祀等活动。再比如，过去一些大户人家有祠堂有家规，如果子孙违背家规，会被带到祠堂罚跪，要向祖宗忏悔。

第四，是个体发展过程中学习到的因素。每个个体的生命历程里，大大小小的挑战不计其数，每一次磕碰、受挫，获得成就，都会给个体一定的触动，总结起来，就形成各类需要遵守的规则，甚至禁忌，是为了更好地保护自己，也为了更好地适应社会。

常见的内心规则：

我应该……

我必须……

不应该……

不能做……

不应该相信人

应该做个好孩子

应该听话

应该是个好学生

应该好好读书

应该做个贤妻良母

男人不应该展示脆弱

我必须控制身边的一切，控制所有东西

必须出人头地

常见的内心禁忌：

禁止……

讨厌……

不要吃陌生人的食品

不用酒店的毛巾

禁止招惹……

不能未婚同居

不能提什么人，什么事情

不能忘恩负义

远离狗

一起找一找你内心的规则和禁忌吧，它们又是怎么影响你的，有什么样的故事。

【自我探索】

1. 有意识地觉察你生活中使用“应该”“必须”的频率，适当地记录下来。

2. 头脑中的“应该”发出的指令，是怎么影响你的？

3. 试着梳理你的家族、家庭，有什么样的规则和禁忌？他们是怎么延续的？

【觉察工具】

记录句式：

我们家的规则：

1. 餐桌上，我们必须 / 需要________。

2. 日常生活里，我们必须________。

3. 做人方面，我们必须________。

我自己的内在规则：

1. 我应该________。

2. 我认为我需要________。

3. 我禁止自己________，是因为________。

【示例】

1. 我应该是个优秀的人。

2. 我必须要好好学习报答父母，不能辜负他们的期待。

3. 我的孩子必须上个清华、北大之类的学校。

我觉察自己的日常习惯

习惯，主要是指人们长时间遵循的生活方式，是一些融入日常生活中的行为模式。当人们认同某类行为方式，把一些事情模式化、程式化、自动化之后就成了习惯。比如，你习惯早晨几点起床，习惯用左手还是右手刷牙，早餐习惯吃什么早点，出门习惯向左走还是向右走等。有些姑娘出门必须化妆，说不化妆感觉像是裸奔。有些男士则是每天必须洗头，不洗头出门感觉浑身不自在……工作中每天标配是咖啡还是茶？下班后直接回家还是找朋友聚会，晚上喜欢早睡还是经常熬夜？……一天下来，可能有几百个习惯化的细碎事件组成我们的生活。

如果用摄像机记录人们的日常生活，你会发现，多数人生活里的言行举止，今天和昨天，和一周前的某天，甚至和几年前的某一天，基本上一致。有数据表明，人们日常生活的 90% 与习惯和惯性有关。如果有意识地去觉察，你会发现自己的明天、后天，几乎就是今天的复制和粘贴。

被闹铃叫醒，迷迷糊糊地刷牙洗脸，路上匆忙买个早点去上班，工作，下班，边抽烟边玩游戏，追剧刷手机，熬夜，失眠，吃片药强制入睡……也有些朋友，早睡早起，少食多餐，规律生活，冥想、瑜伽静心，跑步健身，上课培训，读书写作，画画弹琴，跳舞烹饪，创作自己喜欢的艺术品等。

有人擅长时间管理，各类事情习惯性井井有条；有人习惯性拖延，大事小事不到最后关头不启动。

有人抽烟、酗酒，有人经常做公益照顾孤寡老人、残疾儿童；有人沉迷游戏，有人每日晨练；有人不停刷手机刷电视剧，有人每日瑜伽、打坐回归自我。

有人把生活过得无聊抑郁，有人把生活过得活色生香。

我们活在习惯里，被习惯桎梏着，也被习惯成就着。每日里做的事情，每日里的习惯性动作，有许多在耗费我们的情绪和身体，也有许多在成就我们的健康和人生。

几则关于习惯的名人名言

习惯不是最好的仆人，便是最坏的主人。

——爱默生

习惯，我们每个人或多或少都是它的奴隶。

——高汀

习惯不加以抑制，不久它就会变成你生活上的必需品了。

——奥古斯丁

思想引导行为；行为养成习惯；习惯造就性格；性格决定命运。

——约·凯恩斯

播种行为，可以收获习惯；播种习惯，可以收获性格；播种性格，可以收获命运。

——萨克雷

习惯背后的心理动力

每一种习惯之所以能够被固化下来，反复出现，背后都有促使它们出现的动力。认识习惯里蕴含的潜意识动力，才能更好地理解习惯、调整习惯。

习惯性依赖他人，是不相信自己有能力照顾自己，不相信自己可以面对一些生活挑战，不相信自己能够承担做决定的后果，不相信自己可以独立。或者，这些朋友是不愿意承担，不愿意面对独立带来的挑战，希望别人为自己负责，就像个孩子一样，不长大，躲在他人的保护里。

习惯于高高在上看他人，是因为害怕显露自己的脆弱，害怕看到自己不如别人的一面，所以在关系里强行把自己托举到一个高度，从看不起他人、挑剔他人的过程中，从与他人的对比中，安慰自己“你比他们好多了”。这些朋友正是因为遭遇过被挑剔和被看低的经历，讨厌那种自尊受挫的感受，所以用各种方式极力维护自己。

习惯于严肃冷漠对待他人和发生的事情，是因为“我严肃，别人才会严肃地对待我”，接受不了被戏谑、被调侃，是获得尊重、让周围认真倾听自己的方法。表现得严肃，可以和周围人拉开一些距离，显示自己的与众不同，避免被他人批评、指责、评判。

习惯于遇事着急愤怒，是因为发脾气是个很好的自我保护方式，如同竖起一层外壳，先发制人表达对他人的不满，避免自己承担需要承担的责任，也避免自己感受内在的痛苦。他们认为，只有抗争才能得到自己想要的，这个世界上有很多与他针锋相对的人和事物。其实，他们内心底层的需求是想要获得更多的包容、配合。

习惯于每日瑜伽、打坐回归自己，是因为这个过程可以体验与自我交流的美妙感受，可以体验回归自我的静心安心，可以徜徉在与身体对话的有趣发现里。当你可以在一个行为、一件事情里找到乐趣，它们就会自然而然地发生。

有些事情，我们会在心里暗下决心，给自己定目标一定要坚持，并且需要调动意志力来督促自己去做。那说明这件事情还有些“辛苦”，还缺乏吸引力，或者说还没有找到“这件事”里面的乐趣。

当身体或者心理有“获益”，体验到快乐、享受、成就感、被尊重等内在满足，身体被多巴胺等快乐激素滋养，就会促使产生一种动力，去多多享受那种“获益”，外在的事情就变成了一种吸引，没有了“坚持”二字所蕴含的“辛苦”了。

【案例故事】

接锅侠：习惯性做老好人

U是个老好人，对朋友好，对陌生人也好，还热心公益事业。

与同事朋友一起吃饭，收入不高的他经常抢着买单。多数时候，大家都建议AA，但他总能说出一些理由，比如最近发奖金了，最近走了个背运需要破财了等。见他经常坚持，朋友们也就从了，甚至习惯了，占便宜的事嘛，还能给人破财消灾成就他，何乐而不为。他有时候也纳闷，怎么就没人主动请他吃饭呢。

工作中，有时候有一些合作中对接不到位的，出现纰漏，见没人承担，他经常主动就接过去了，想让事情过去。他说知道这件事不是该自己负责，为了让大家都过得去，这锅他接了就接了。谁承想，后来工作中经常莫名其妙有飞锅砸来，出现问题，大家习惯性先想到他。他生气极了：这些人怎么都不分青红皂白呢？自己的事情不承担总是找别人，没有一点责任感和自知之明。然后，他就愤而辞职。这样的经历至少在他的三个工作中重复出现。

有一天，他恨恨地对我说，他以后再也不替别人挡事了，替他们挡一回，就会有第二回。好多人就是不会替别人着想，一出问题就逃跑，真的让人很生气。

我问他，有想过为什么别人容易让你背锅吗？你是怎么教会别人这么对你的？

后来他慢慢理解了，他的那些所谓的为别人考虑的善意，帮别人解决问题的行为，可以很轻松地让对方逃避本应接受的惩罚，或者应该承担的责任，对方自然乐意落个轻松了。当一个人遇到问题，甩锅成本很低的话，这会助长他继续甩锅的行动。

另外，他不加区分地承担，很多时候是没有边界的表现，如同敞开门户让出自己的利益和地盘，对方看到可乘之机，自然就会吃拿卡要。就像你和别人商业合作，如果对方在你家地盘圈地敛财，你不说话，对方以为你默许了，就会多圈一些。人性中的趋利本能，总是希望多占便宜让自己的利益最大化。

生活中的老好人容易被欺负就是因为缺乏自我边界意识，害怕得罪人，不会保护自己，才给了对方可乘之机。从某种角度来讲，你替别人背锅了，也剥夺了别人承担责任、吸取教训的机会。

树立起自己的边界，该自己承担的去承担，不该自己承担的该谁领的锅让谁领走。那些喜欢甩锅的朋友，知道甩锅有成本之后，自然就要考虑这锅是自己背着还是甩出去了。

关于边界，最好的原则是：尊重他人，不过多干涉；

尊重自己，不让他人越界欺压。当然，关系里也要留出弹性互动空间，而不是刻板地画边界。

习惯性拖延：拖延中蕴含的心理动力

一般来讲，所有的拖延症或者未达拖延症级别的拖延行为背后都有大量的不同层面的收益在支撑。我自己也时常有些体会，有时候一件事情拖延了几天，终于忍无可忍去做了，发现做起来也就花了十多分钟就完成了。不管是日常琐事，还是对工作任务的拖延，拖延本身蕴含着意义，这里从六个层面剖析下拖延者的心理过程，以及拖延本身的自我获益。

1. 逃避挑战，减少消耗

人们不太愿意面对的事情，往往是需要调动内在资源才可以顺利完成的。也就是说，每个人的内在资源都有一定的限度，如果觉得这件事情有一定的难度，需要消耗比较多的能量，本能上就会产生逃避倾向。所以，人们通常为了获得内在的舒适度，就迟迟不动手。

比如，躺着睡觉肯定比去跑步、瑜伽、健身要消耗得少，因为不用挣扎，不用流汗，不用肌肉酸痛，不用面对日晒等，相比来说躺着面临的挑战最少。舒舒服服地躺着多惬意啊，再刷刷手机听听笑话就更开心了。

2. 避免可能出现的负面评价

当人们面对有挑战性的工作任务时，就容易拖延了，尤其是挑战本身可能会遭遇来自外界的评价。我自己关于写文章和写书的心理挣扎就是这样。比如，我时常想写点文章发布出去，分享专业思考，同时也希望获得更多的关注，满足自恋心理。可是，内心总担心自己写得不够好、不够完美，万一暴露了自己的局限，或者被不喜欢的网友谩骂怎么办？那多伤自尊啊，被骂的滋味想想就有些犯怵，不想面对。怎么办呢？为了避免可能出现的打击批评，索性不写，隐身，这样就不用面对外在环境可能带来的情绪冲突及压力。缩在小黑屋里，至少不需要面对外界的风霜雪雨。于是安慰自己，就做个普通的、平常的咨询师也挺好。

曾经有个来访者对我说，他终于明白了自己每次写作业为什么拖延到最后。因为如果早早做完了，想着可以出去玩呢，结果被抓回来，家长不相信自己做的作业，非要检查。这一检查不要紧，难免找出来一些错漏，然后就一顿批评，被摁下继续写作业。还有些时候是，家长检查完了，发现写得也挺好，然后布置额外的作业，本想早早写完多些娱乐呢，结果还要做双份作业。后来就再也不提前完成了，一定拖延到最后。

3. 避免自我冲突和怀疑

做事情也是一个解决问题的过程，解决问题就需要思考、决策，承担后果，过程中难免出现各种向左走、向右走的声音，甚至会出现内在冲突和怀疑。

比如，我在写作的过程中也会担心，这个部分的内容要怎么表达更容易被理解？专业类的表述多了或者少了会怎样？太专业了不容易理解，太平实了会不会缺乏专业度？有谁会喜欢或者受益吗？在写作的最初阶段，也会时常有一些纠结和自我怀疑。同时，写作也是在组织自己的时间，组织自己的思维，呈现出符合逻辑的、有一定专业说服力的内容。新的一天开始了，是坐下来写作，还是去跑步，或者刷手机刷剧？这个过程也是战胜惰性、理顺内在冲突的过程。

做事情的过程中，我们会有好多内在声音跳出来纠缠，内心如果不安静，目标不够清晰，自我管理不到位，事情就很难开始。

4. 用理想化的自我安慰自己，继续虚假的外在繁荣

许多时候，事情如果没有开始做，没有结果呈现，我们就会对自我有理想化的看法，活在自恋里，认为自己能行。比如，我只是没有开始，我一旦开始一定出手不凡，一定比某某某做得

要好。可能生活中，大家也会听到身边的朋友这样说，“如果我来做，我一定会做得比你这个要好”，但是如果真有机会让他一试身手，结果真的不如他口头表述的那样。

人们经常“眼高手低”，主要是内心经常用理想化的自我衡量做事的结果，但往往想象和实际结果有较大差距。内在的潜意识懂得这些，所以找各类理由不开始，只要没有开始做事情，就没有可圈点的证据给到周围。只要拖延着，就可继续活在理想化的认识里，就不用面对理想化破碎的处境。

5. 生物层面：让身体远离不适

这个层面最直接的就是身体不用消耗太多，要知道做事一定有头脑、身体的参与，心理的纠结和挣扎也是需要身体配合的，当内在纠结、焦虑紧张的时候，交感神经系统就会加快工作节奏，消耗大量的身体能量，就会感觉疲惫。心态平和、心情平静时，单位时间里身体的消耗是最少的。许多人为什么不愿意上班，是因为上班不仅心累，身体还累，自然想要回避。如果上班是一个很开心很愉悦的、体力消耗度适宜的过程，相信许多朋友早起就不用三个闹铃叫醒了。

同时，做事情的过程中如果大量积累负面情绪，会导致失眠、焦虑型头痛、焦虑性肠胃不适等躯体症状。如果拖延着不开始，自然身体也不用承受太多。不过，很多时候，过多的拖延也会触发自我批判和焦虑恐慌。因为作业、工作、事情就在那里，不会因为闭上眼睛不看就消失的。

6. 现实层面：回到儿童自我，避开作为成年人的责任

拖延，就意味着不用立马承担责任、开启挑战，就可以在舒适区继续待着，像个孩子一样什么都不用面对该多好啊。

拖延，就是不想面对，不想面对的事情对人们来讲就是不愉快的事情。只是“不愉快”潜藏的思维、情绪、行为千差万别，每一类拖延背后回避的内容不同，受益也不同。

让我再放松一阵子，再玩一会儿游戏。

让我再耍耍赖，让我再自由散漫一段时间，做个不需要承担那么多事情的人多好啊！

不用做饭、不用洗鞋、不用开会、不用回家照顾孩子洗澡……

有时候拖延的负面后果反而会大过既得的收益，但没办法，许多人还是会拖延，因为当下的好处是最直接的诱惑。

当然，大多数的拖延者，会经过一定的阶段，梳理自我之后从拖延中跳出来，去追逐自己的目标，这是因为每个人都有自我实现的驱动，也有获得关注、认可、获得内在成就满足的需求，当这些正向良性的力量大过拖延的收益时，拖延行为就会改善。

理解拖延是在回避不愉快元素，识别拖延行为隐含的获益内容，穿越潜意识小把戏，是解决拖延很必要的步骤。

【自我探索】

1. 觉察你的一些行为习惯，背后有什么样的声音吗？

2. 做事情你拖延吗？你拖延的原因有什么？请试着做自我分析。

3. 与他人相处，你的边界清晰吗？有什么样的事情发生吗？

【觉察工具】

记录句式：

1. 我经常________，我的理由是________。

2. 我习惯于________，我的观点是________。

3. 我总是________，我认为是________。

4. 我喜欢________，是因为________。

【示例】

1. 我习惯于不吃主食，因为我听说吃主食容易发胖，但我体重也没减下来。

2. 我喜欢刷各类新闻，一刷好几个小时，那时候总有种君临天下批阅人间世故的感觉。

3. 我经常右手刷牙，上次洗牙时一下子被牙医看穿了，说右侧刷的清洁度比左侧好。

4. 我很喜欢吃面食，所以我会做好多种类的面食，这让我成了朋友圈里的面食小能手。

我觉察自己的成瘾行为

成瘾行为也是习惯化的状态，只是成瘾的内容有一种超乎寻常的力量，让人们依赖、上瘾，难以自控地对这些内容产生需要，频繁使用或者滥用，似乎没有它们不行，甚至有些时候为了满足这些瘾症不惜铤而走险。

说起成瘾行为，人们比较容易想到的，有药物成瘾，比如依赖一些抗抑郁药、安眠药、止疼药、止咳药，连续多年服药；还有毒品成瘾，大麻、摇头丸之类可以给人们带来兴奋体验，但是特别容易成瘾，国内严禁食用各类毒品，不太常见，出国旅行、工作学习需要特别注意。

生活中比较常见的成瘾行为有以下几种：

游戏成瘾，包括刷手机、玩网络游戏、追电视剧等，有不少朋友一天中使用手机时间达到 6~8 个小时。

抽烟、喝酒或者酗酒，这一类在生活中比较常见，《2019 年中国烟民市场状况调查报告》显示，中国烟民有 3.5 亿左右，平均每天抽烟 17 支左右。喝酒更是国人聚会应酬必不可少的部分，有些朋友在生活中也有每天喝酒的习惯。

整容上瘾，是近些年开始出现的成瘾行为，一些朋友不停地通过各种手术整容，一月一小动，半年一大动，从脸到身材，可谓是“脱胎换骨”地整。

还有其他一些成瘾行为，包括赌博成瘾、购物成瘾、偷窃成瘾、偷窥成瘾、性瘾症等。

能让人们成瘾的行为，一般都可以给人们的中枢神经系统带来一定的兴奋、愉悦感受或者让人们回避痛苦。也就是说，成瘾背后的动力有两个：带来愉悦和回避痛苦。当某种行为可以分泌一些平常不容易分泌的快乐激素，就像是在奖赏人们的大脑和身体一般，这些“奖赏”带来的愉悦感让人们欲罢不能，总是渴望重复满足，慢慢成为瘾症。尤其是生活、工作中，在其他渠道和方式获得的快乐奖赏特别少的情况下，更容易出现成瘾行为。另外一种情况，就是回避痛苦。当人们被某些心理、身体疾病困扰的时候，为了减少痛苦体验，会本能地想要使用外界力量，或者寻找自我保护的盾牌。比如，使用药物或者某些行为来回避内心或者身体的痛苦，痛苦出现得频繁，回避痛苦的盾牌就会时常被举起来，进而成为瘾症。

当然，有些“上瘾行为”是对人们有益处的。比如读书，有些人从读书里面获得了乐趣，会持续上瘾。心情不好了，读一会儿书就变好了。有些人迷恋上课，全国甚至全世界范围里追逐不同的老师去上课学习，如饥似渴，乐此不疲。再比如运动，有的朋友每天跑步，或者每天去打球，风雨无阻，甚至肌肉损伤了也不停歇。

上瘾这件事情并非“十恶不赦”，只是我们需要清醒地认识自己的行为，看到这些上瘾行为带给自己的影响。如果可以平衡，且不会给自己带来更多的危害，你当然可以保留。而那些已经严重损害了身心状态的成瘾行为，就需要大家多些关注，认识背后的动力，看到潜藏的心理需求，以免长时间被裹挟，陷入成瘾行为里。

手机已经成为很多人的“伴侣”

身边有不少朋友感叹，手机是目前跟自己最亲近的对象，是生活中最重要的 VIP，父母、爱人、孩子都比不上。不知不觉中，智能手机已经成了许多人最亲密的伴侣。

早上一睁开眼睛，抓起手机，滑掉震天响的闹铃，睡眼惺忪中迫不及待地看看群里、社会上发生的大事小事，批阅奏章一般转发评论之后，方惊醒过来，时间已经过去了十几分钟，赶紧跳起来穿衣服、洗漱。出门上班用手机 App 叫一辆网约车或者打开二维码乘地铁，地铁上继续刷手机浏览新闻或小视频。到了单位，联系同事、沟通工作，订外卖，统统用手机搞定。下班回到家，追剧、玩游戏依然离不开手机，还有各类小视频微博八卦娱乐，一不小心就刷了三四个小时，眼睛累了疼了依然忍不住继续点开下一个。困得不行了，握着手机进入梦乡。半夜起来上厕所也要拿起来看看，朋友圈谁没睡觉还在发消息……长时间地抱着手机不撒手，一不留神几个小时就过去了。颈椎病犯了，视力下降了，睡眠颠倒了，时间荒废了，眼睛睁不开了也舍不得放下手机。

有网友形象地把人们躺在床上刷手机的模样和一百年前人们躺在床上抽鸦片的图片做对照，确实很像。手机已经成了新型鸦片，让人上瘾，欲罢不能。

刷手机，可以满足人们的什么心理需求呢？

首先，获得快乐。手机中目前点击量非常大的是小视频，一些搞怪内容时常让人哈哈大笑，翻看这类好玩的视频，可以获得开心快乐的体验。大笑或者忍俊不禁，会让人们产生开心激素，身体和心理上都会有放松感。

其次，逃避现实压力。生活中难免有一些压力和挑战，不想做的事情又不得不做的时候，压力就会产生。而刷手机，可以抛开日常烦恼，暂时忘掉或者转移这些压力。在生活里做一个大鸵鸟，虽然也会带来好多后续麻烦，但逃避压力是本能，且及时行乐的诱惑力又非一般的强。

再次，获取资讯，参与社会事件，感受自我存在。微博各类话题榜，经常被推上热搜，就是因为获得了更多的关注。现代社会，如果不了解一些新鲜资讯，会被身边人以奇特的眼光看待，“啊，你不知道那个事件吗？都上热搜了”。朋友间见面聊天，经常会讨论一些热点事件，如果不知道，似乎就融入不进去，甚至觉得自己和社会脱节一般，自我存在感就会受到冲击。毕竟，人们是不喜欢被孤立，想要融入社会融入小圈子，获得尊重且被喜爱的。另外，参与一些话题讨论，本身就是在参与社会事件，也是刷存在感的方式，是证明自己与这个社会连接在一起的方式。

最后，人们普遍孤独、寂寞、无聊。不管是日益庞大的单身群体，还是沟通不畅的伴侣，当沟通发生了不愉快，越来越多的关系里无法被理解、被认可、被包容的时候，人们就越来越习惯于和一个自己可以把控的机器对话，而不是和可能让自己碰壁受挫的人类对话。于是，越包裹自己，就越孤立于他人，进而越感到孤单，形成恶性循环。寄情手机成了众多人的选择。

这次新型冠状病毒疫情的影响，会让更多的人排斥亲密社交，也会让更多人习惯于独立的生活。但，人是害怕孤单的，需要抓取一些关系、一些连接。可以预见，未来，手机与人的关系会更加亲密。

在这样的趋势里，要从与手机捆绑的状态里解套，就要看到自己依赖手机的底层动力，了解自己的真实需求，着手达成真正渴望被满足的内容，增加解决压力和挑战的能力，让生活丰富起来，获取开心快乐的渠道多起来。

【案例故事】

常吃止疼药的女生

R，26 岁，女，有一次告诉我说，她常年备着止疼药，我问她为什么啊，一般什么情况下吃。她说，每次月经期都必须吃，不然疼得要命，床上打滚那种疼。而且最近一年多，感觉止疼效果不那么明显了，药量也加重了。还有偏头痛发作时，也需要吃，身体哪里疼了就吃。

后来我了解到，R 爱吃冷饮，留学期间形成的习惯基本都是喝冰水。加上年轻女孩儿都喜欢追求时尚漂亮，R 经常穿低腰裤、露脐装，日常穿搭也是光脚穿鞋配 7 分裤。

我心想，这样的饮食习惯，这样的穿衣打扮，都是往身体里猛灌寒气的节奏啊。就算很年轻，这样折腾，身体健康早晚要出问题。

疼痛是身体发来的信号，提醒我们身体不舒服了，有需要关照的地方了。而如果用止疼片来麻痹神经，让神经睡觉，把身体的呼叫压制下去，势必有一天，身体扛不住了，就容易崩溃掉。一细问，R 真的有子宫肌瘤和卵巢囊肿，需要经常去医院复查、治疗。

我问 R，有没有想过痛经以及其他身体疼痛的原因？止疼片能帮自己抵挡多久呢？如果子宫肌瘤割除了之后还长呢？ R 说，之前没有想过，最近觉得身体越来越糟糕，开始害怕了。

后来，R 经过一年多的身心治疗，与父母糟糕的关系状态得到了部分和解，接纳了自我的女性身份，慢慢接受了自己的身体，改变了一些生活习惯、作息习惯，也找中医治疗了一段时间，痛经问题好转了许多。

正常的女性经期，是女人独有的自然节律，是在排出身体里周期性剥落的子宫内膜，为孕育生命做准备的。这个过程就像是子宫每月一次的清洁大扫除，健康状态下不会疼，也不会特别难受，只要做好经期自我关照，每月一次的经期是个自然而顺利的过程。目前的一些研究以及案例表明，大多数女性的痛经问题，与自我身份认同有一定的关联，与对性的理解和感受有一定的关联，与父母的关系有一定的关联，与饮食睡眠习惯、心理状态等都有一定的关联。

许多时候，我们习惯于用简单甚至粗暴的方式解决问题，虽然看起来一片止疼药暂时解决了疼痛问题，但是实际问题还是存在。而且，往往因为止疼药遮盖了身体发来的信号，使得健康隐患被忽略，反而会酿成更大的身体危机。

吃止疼药的 R 和一些依赖安眠药入睡的朋友，都需要考虑问题本身，而不是暂时遮盖问题。切实去解决身体疼痛、失眠的原因，才有可能享受健康舒服的身体状态，享受甜美的睡眠。

【案例故事】

反复整容者

H 大学里学的是主持专业，毕业后去了一个规模不大的节目制作中心。心高气傲的她对工作十分不满意，想要去更好的平台展示自己。她觉得自己的最大障碍是不够漂亮，于是开始了第一次整容，垫高了鼻子。

这之后，她发现，这个垫高的鼻子是好看了，但是和整张脸搭在一起，立马能看出来是修整过的。于是，她就想着怎么把眼睛变大一些，把嘴唇变丰满一些……陆续在脸上动了一圈刀子之后，整个人确实变了，变得是普遍审美标准中的高鼻梁、大眼睛、丰厚的嘴唇……只是，见过原本相貌的我，看到后来的她真的没有认出来，而且真心觉得不如原来的她清纯、自然、秀美。整容后，虽然各部分看起来都“高级”了，但整体凑在一起还是有明显的人工痕迹，堆砌感太明显了，反而很假，一看就是整容脸。

H把自己进不了大平台归因于不够漂亮，于是想通过医美改变相貌，扭转局面。可整容后的她，身体变得差劲了不说，理想中的大平台也没有为她敞开大门。

还有许多朋友，去整容反而引发医疗事故，毁坏了自己的身体和相貌，留下终身疤痕烙印。

很多人对自己的身体、相貌有各种各样的不满意，对自己总是多角度地挑剔和嫌弃。这些朋友，总是看到自己的不足，而不愿意更完整、更客观地看待自己的优势和不完美，没有想着怎么去和内在的自己和解、接纳自己的身体、喜欢自己的身体，而是希望通过修整来改变对自己的挑剔。她们没有意识到，手术不仅有风险，而且医美过后也不一定能变成自己喜欢的模样，结果可能依然是对自己满怀嫌弃。有些人虽然费了九牛二虎之力，花费了巨资，忍受了常人难以忍受的折磨之后，终于变成了自己喜欢的模样，却要承受接踵而来的疾病风险。

当人们厌弃自己、否定自己、不喜欢自己时，就更加难以相信他人对自己的喜欢。即便是通过整容，也难以甩掉自卑，建立对自己的信心，停止自我攻击。

医美整容，不过是自我厌弃的人，假借他人之手来惩罚自己，那得是多恨自己的人才能做出来的决定，要允许他人对自己的身体动刀子、缝针。

很多时候，人们习惯于给自己设定一些条件。比如，当我们变漂亮的时候才会被喜欢、被认可。所以人们会认为，整容之后就会变漂亮，就会被喜欢，生活就会更顺利。殊不知，当把他人的喜欢和认可放在特殊位置去追求的时候，已经失去了内心的稳定，放弃了最容易展示魅力的自信。

当人们喜欢自己，就会流露自信的光芒，这些光芒足以吸引他人，感染对方。

谁不喜欢举手投足自带光芒的人呢？

总结起来，成瘾行为的发生可以从以下几个角度去认识。

第一，从行为主义的角度。玩手机、抽烟、喝酒或者整容，都可以让人们体验到开心愉悦的感受，如同给人们的身体和心理一些奖励，这些行为就被强化了，促使持续启动成瘾行为。如果暂停了成瘾行为，人们就需要面临生活中的各种压力、烦琐的生活事件等，或者孤单无助的个人体验，这些感受比较负面，就会带来戒断后的不舒服。这些不舒服类似惩罚，人们本能地想要回避，于是就会再次回归成瘾行为。

第二，从人格心理的角度。成瘾行为是人们在空虚、压力、现实挫折之中，寻求解脱和逃避压力的方法之一。在同样的社会现实里，为什么有的人面对压力、挫折的时候可以想办法面对，而有些人就会钻进成瘾行为的盾牌里？有观点认为，这和每个人的人格发展状态有关。有些人能对自我作出合理客观的评价，在压力面前的自我行为调节能力强。而有些人面对危机和压力的时候，缺乏合理的自我认知，夸大压力和问题，弱化自己的解决能力，容易被困难吓倒，认为自己遇到了天大的危机，无法摆脱也无能为力了，于是躲进自己设置的保护壳里，用逃避现实来抵御痛苦。

容易陷入成瘾行为的朋友，大多数自我控制力低，喜欢即时满足各类需求；独立能力差，容易依赖他人；焦虑水平高，性子急，情绪易冲动；享乐主义至上，缺乏对于未来的规划；等等。

第三，从思维加工的角度。许多成瘾行为是自动化的行为，在头脑中已经以图示化的形式存在了，操作过程慢慢变得不需要注意力的参与就自动发生了。当环境有了相关刺激，就很容易被启动，而一旦开始就不容易停止。

以抽烟、喝酒这类行为为例，来剖析一下这个过程。人们由于过往的经验里有抽烟、喝酒带来的感受，于是个体经验里有这类需求随时准备着，一旦看到抽烟、喝酒的关联场景或者人物，就很容易启动这一行为。比如看到眼前放置的烟、酒，看到相关广告，或者看到烟友、酒友，看到身边有人抽烟、喝酒，或者被招呼一起去抽烟喝酒等。这时候就进入第二个环节了，以往的经验感受被唤醒，想要去再次体验。第三个环节，开启行动。一旦开始抽烟、喝酒，就可以体验到烟酒带来的身体刺激和心理感受，或有掌控感、依赖感、放松感、刺激感等不同的感受，这些身体和心里的感受进一步被强化，储存到记忆中。如此循环反复，便成为瘾症。

【自我探索】

1. 觉察你的生活、工作，有什么样的成瘾行为吗？试着探寻持续这些行为给自己带来的益处。

2. 如果你有持续追电视剧、刷手机、玩游戏之类的行为，请试着做自我分析。

【觉察工具】

记录句式：

1. 我经常________，这个过程里，我收获的是________。

2. 我习惯于________，这样让我感觉________。

3. 我总是________，我的________可以得到满足。

4. 我喜欢________，是因为________。

【示例】

1. 我喜欢追连续剧，跟着主角的情感和经历，似乎我也经历了很多事情。

2. 我习惯购物，因为可以让我释放压力，满足掌控感，买东西的过程，服务员悉心奉承，那感觉还是很好的。

3. 我经常抽烟，最多的时候一天两包，那种吞云吐雾的感觉，还有那种把玩着烟的掌控感，都让我感觉很舒服。还有，抽烟还可以缓解我的孤单寂寞。

4. 我很喜欢喝酒，喝晕了之后，什么烦恼都不记得了。

第二部分

与身体成为朋友

人体十分精妙，自我们的父精母卵结合，胚胎落入母亲子宫开始扎根之日起，身体这个小宇宙的成长之旅也开启了，逐渐长出心肝脾肺肾等内脏，以及四肢和五官，慢慢长成一个健康的人类胎儿。

胎儿发育成熟，来到这个全新的世界，在父母、亲人的呵护照顾之下，慢慢成长，并学习这个世界的语言、认识周围的环境、和周边的人互动，并在这个过程中逐渐形成独特的关于人、事、物的理解，长成独特的自我，拥有或善良，或有趣，或勇敢，或羞涩的“我”之灵魂。

伴随自我意识的发展和灵魂的丰满，这个过程里，身体也在慢慢长大，逐渐学会翻身、坐、爬、站立、行走，学会跑和跳……

等“我”的意识更加清晰且掌控自如，“我”会照顾我的身体及时地吃饭、喝水、排泄、睡觉等，也会指挥身体与他人握手、拥抱、接吻，或者去读书、写字、玩游戏、练瑜伽、打球、跑步等。

“我”和我的身体形影不离，每时每刻都在一起，我的每一个开心或者不开心，每一次细微的情绪变化，每一次与他人的互动，每一次磕碰、受伤、流血，每一次胃疼、肚子疼……所有的经历和经验，身体都是第一见证者、记录者、承担者，甚至是那个受伤者。

很多时候，即便是我们和自己的身体共同生活了很多年，我们对自己身体的了解也非常有限，常常不知道具体器官在身体里的位置、作用，辨识不清楚身体的需要，不知道它的运作规律，不知道它承受的压力和委屈，更不了解它的潜能有多大，不知道它的自我修复能力有多神奇。

不了解也就算了，我们还经常忽略甚至忘记身体。饿了，让它忍忍；想要排泄了，让它憋着；困了，让它熬着。只要身体不用酸麻胀痛等信号提醒，许多时候我们会忘记身体的存在。

甚至有些时候，我们会强迫身体做出它难以承受的事情。明明知道自己跑马拉松很困难，非要逼着自己的身体拼搏，让身体严重超负荷，只为获得周围的赞许；明明知道熬夜的时候身体受不住了，但还是逼着身体承受煎熬、持续透支，只为获得更多的加班费用；明明知道吃多了会撑得难受，但一到吃自助餐的时候还是忍不住撑到嗓子眼，让胃、肠、肝、胆、胰、肾加倍工作，就是为了要“吃够本，多占饭店的便宜”……

忽略身体的需要和感受，让某些器官长期超负荷运转，有一天，当身体支撑不住时就开始出现病痛了，膝关节疼痛、感冒发烧、肠胃疼痛或者头痛难忍……当身体生病了，被病痛折磨时，人们的心情也会低落、挫败、抑郁。甚至有些人因为病痛难忍，因为生病耽误了工作，还会怪自己的身体，讨厌自己的身体，甚至怪罪父母的基因，陷入负面情绪的深坑，久久爬不出来，变成严重的心理问题。“我”和身体的关系开始变得更加不和谐。

当我们开始讨厌自己的身体时，我们的心理情绪会逐渐被乌云笼罩，这种对“自我”的怀疑和否定心理又会反过来攻击我们的身体。也就是说，“我”的情绪心理状态，会直接影响身体。

想象一下，当你生气烦躁的时候，身体会怎样？心脏跳动加快，气血上涌到头部，脸红脖子粗的你甚至想要骂人打人……处于生气发怒的情绪状态时，无异于同时在对心脏进行轮番暴击，让它加快跳动。如果你经常生气，是不是心脏就需要经常性地承受一把小鞭子的驱赶，不停地快速工作？所以，有经验的人知道，患心脑血管疾病的人，基本上都有个特点，那就是爱发脾气。

再想象一下，当你美滋滋地吃着西瓜，看着好玩的综艺节目哈哈大笑的时候，你的身体会怎样？身体松弛，大笑引发横膈膜上下运动，身体里的内脏被带动着做了一次又一次按摩放松，心脏跳动欢快有力，吸入的氧气仿佛可以通达全身，身体的每一个细胞似乎被欢乐充满，喜悦、放松、轻盈。

所以，“我”和身体组成的世界里，“我”是身体的主心骨、灵魂、君主，身体是承载灵魂意识所在，是“自我”居住的殿堂，是君主意志的执行者。

如果两者成为好朋友，彼此理解、接纳、支持并和谐相处，则身心合一，健康快乐。

如果两者关系不和，甚至相互折磨，则一损俱损，“水能载舟，亦能覆舟”，身体能够承载并服务于“君主”，也能罢工熄火消灭“君主”。

可以说，“我”和我的身体是共荣共损的关系。

那么，如何与身体成为朋友呢？让我们先来认识下这个陪伴我们多年的朋友吧。

身体扫描：倾听身体发来的信号

在没有生病的时候，大多数朋友很少意识到身体的存在，甚至看不到它为我们的付出。其实，身体在我们有意识、有记忆之前，已经开始默默地为我们服务了。

你的年龄有多少岁，它就为我们服务了多少年。而且，这些年来，头脑与脏腑器官、躯干四肢等，各司其职、默不作声、任劳任怨，不离不弃地相伴左右，就连我们的“君主”打盹睡觉时，心脏也在不停地跳动，肠胃也在不停地消化、分解、吸收……

这一生中，如果说谁与我们的关系比父母爱人还要亲密的话，那一定是我们的身体。

作为自己身体的主宰，很有必要时常做个身体扫描，过问下自己的小宇宙里发生了什么，了解下身体这个亲密朋友的喜怒哀乐。

身体扫描是个形象的表述。如果你是一个皇帝，要了解自己国家发生的事情，需要通过各种方式获得信息，而去到城市、乡村、居民家庭，深入地询问、观察就是有效的方式之一。想象身心构成的“自我”就是一个国家，主事者皇帝就是自我意识、灵魂抑或头脑之理性思考，而身体的五官、躯干、发肤、内脏、血液、体液等就像是这个国家的山水、城市、村庄、臣民。身体扫描是通过把自我的意识回归到身体，就像请身体的灵魂、“君主”从头脑指挥的日常惯性里来到身体的感受上，把注意力给到身体小宇宙里的脏器、躯干。

身体扫描可以从两种方式开启。第一种方式是扫描可见的部分。做练习的朋友需要站在镜子前，仔细地观察自己的身体。最好是在一个安全温暖的地方，除去衣服的束缚，和自己来一场对话。身体扫描要越细致越好，比如从头部开始的话，观察头发的色泽、质地、发量，最近是不是头发干枯分叉，是不是脱发严重？再比如到脸部，皮肤状态怎样？光泽度可是红润饱满，胶原蛋白充足？有没有痘印雀斑？再到脖子、肩膀，观察肩膀的形态高低，左右是不是对称？再到躯干、手臂、手，看看自己的上半身呈现什么样的姿态？挺拔的还是佝偻的？双肩是收缩的还是向后展的？再观察自己的腰部、大腿、小腿、脚踝、脚……

从头发丝、汗毛，到大腿上的伤疤，手心里的纹路，脚上的每一个褶皱，都可以仔细地观察抚触。

依次观察身体的每一个部位，会有什么样的感受冒出来，会有怎样的想法、场景在头脑里涌现，可以适当记录下来。

也可以请身边的人把自己走路的姿势录下来，看看自己的走路姿势和状态。你习惯佝偻着身子小碎步，还是喜欢昂首阔步？

再觉察自己的坐姿，身体会习惯性跷二郎腿吗？坐在椅子上，左右身体的用力均衡吗？坐久一点，你会感到腰部疼痛吗？

整个扫描下来，你喜欢自己的什么？

健硕的身材，大大的眼睛，丰满的嘴唇，笔挺的身形？抑或漂亮的手，还是健壮有力的腿？

看到喜欢的部位，又会让你想起什么样的人物和场景吗？会有什么样的感受吗？

你会嫌弃自己的什么？

嫌弃自己的头发不够浓密，眼睛不够大，鼻子不够挺？还是嫌弃自己个子矮，还长得胖？

这些被嫌弃不被喜欢的部位，又会让你想起什么样的人物和场景吗？会有什么样的情绪感受出来吗？

身体扫描的第二种方式是向内看，觉察不容易看到的身体内部世界，如同开启一个可以向内观察的第三只眼，用自我意识和觉察进行，仔细扫描自己的身体。区别于第一种方式，向内看主要是和自我意识进行沟通，可以更细微地体察我们对于自己身体的期待和感受。

可以这样开始。请你想象有一束温暖的光，笼罩着自己的身体，温暖而舒服，从头到脚，就像做 CT 扫描一般，仔细认真地用这束光穿过自己的身体，看看哪里有酸、麻、胀、痛。头疼吗？颈椎怎样？脸上长痘痘了吗？皮肤总是瘙痒吗？抑或是腰椎难受，膝盖疼痛？或者是最近几个月频繁崴脚？

这些发出酸、麻、胀、痛信号的部位，最近有经历什么事件吗？可能是什么原因导致的呢？

是最近喝酒应酬引起的胃疼，还是因为工作挑战太大没有完成而引发的头痛？是刷手机引发的颈椎疼痛，还是打球转身过猛伤着了膝盖？

是年头久远的老胃病，还是多年的老寒腿，还是伴随多年的痛经？

……

每一次身体扫描，就是和自己的身体做一次细致全面的对话，了解身体这个好朋友的现状，接受身体发来的信号，以便及时调整自我的身心关系状态。喝酒伤胃了，咱就少喝一些。压力太大引发了头痛失眠，那就适当地减压，调整应对工作的方式策略。多年积攒的老胃病，是不是需要找找心因性原因？如果你总是佝偻身体低头走路，是不是内心有过多的自卑和焦虑？如果你坐姿左右侧用力不均，是不是已经被腰部疼痛困扰？

扫描身体，找到根源，方能更好地解决问题。

接收到了身体发来的信号，就可以及时调整、修复，必要的时候进行身心整合，不要等到身体撑不住了才引起注意。因为过度透支会引发恶性循环，导致更严重的身体和心理问题。

【案例故事】

身体姿态中暴露的内心样貌

W走路的时候经常急急忙忙，脖子向前倾，双肩含胸内收，还不到40岁，远看就像个小老头。坐下来的时候喜欢蜷缩着身体，仿佛在尽量减少占地面积。

当我让他觉察他的身体姿态在表达什么的时候，他说，他内心时常有一团火在燃烧，做事就需要赶紧做完，做不完就会着急、上火、焦虑。

向前伸出的脖子暴露了头脑着急想要达成目标的焦虑，身体跟不上头脑的指令，头脑就只好先跑了出去。双肩含胸内收，是在保护我们的心脏不受攻击。

蜷缩的身体是想要尽量不引起注意，这样就可以少被周围的人支使来支使去，减少麻烦事，因为一做事就会被催促被挑剔，尽量不引起注意是个比较不错的自我保护方式。

我问他，成长经历中是不是经常有人嫌弃你、批评你、指责你，甚至想要动手打你？他说是的，小时候家里穷，需要帮家里做些小手工赚钱，做得慢就会被老爹嫌弃，有时候还会被打骂。

是啊，身体就是一个忠实的记录者，那些发生的过往，往往用独有的方式沉积下来，留在我们的世界里。

我自己走路时也有些脖子前倾，也是做事急躁内心比较焦虑的状态，尤其是前些年。后来我回想，虽然我老爹不会打骂我，但是他会用加油打气的方式催促我，让我快些达成目标。比如，他会用在部队的经历训练 7 岁左右的我，3 分钟搞定起床、穿衣服、跑到户外，当我完成的时候，他会表示认可。为了获得更多的认可，我会在内心种下一个信念或目标，要求自己行动快些，再快些。于是，头脑就总是超越身体的位置。

【案例故事】

怀疑衣服上有刺，只能不停扔扔扔、买买买

H来咨询的时候，诉说自己经常觉得衣服上有刺，很多新衣服、新鞋子，刚穿上没多久，只要觉得有刺穿着不舒服，就得扔掉。有一阵子严重到早上扔，晚上下班再去商场买，不然，连换洗的衣服都没有了。有些衣服和鞋子，买的时候挺贵的，几千块钱，扔的时候自然也心疼得不行。但是，一看到它们就莫名的烦躁，不敢穿也不敢碰，放在家里像个刺激物，身上就会难受刺痒，只好扔了。

在她的意识里，新买的衣服或者洗过的衣服，被别人碰到了，或者掉地上了，或者接触了自己认为不干净的物品，就会立刻觉得这件衣服被沾染上了刺。再穿的时候，就总觉得这刺在扎自己，甚至还会觉得这刺在身上不停地游移，搞得自己心神不宁。甚至脱了衣服还会觉得这刺留在身体上，跑到镜子前仔细检查，反复如此，直到把自己折腾到累得不行了，强行转移注意力才能暂时忘了这根刺。

在咨询的过程中，我引导她调整呼吸，在身体放松的状态下，用自己的内心去仔细地观察这个似乎有生命力的、会移动的、会和她“捉迷藏”的刺。看看这个刺在干什么？想要干什么？如果它会说话，在表达什么诉求？

慢慢地，她发现，这个“调皮”的刺，代表了不同的人物，以及她和这些人物之间的故事。

有时候，这根刺是她的妈妈。小时候，妈妈常常挑剔她不够懂事，不会体谅家长的辛苦，学习不努力没有得到班级第一。还总批评她爱美爱打扮，甚至当着亲戚朋友的面骂她打她，说她不好好学习就知道臭美，不知羞耻。每每遇到这样的场景，她都感觉如芒在背，羞愧难当，但又无法逃脱。

有时候，这根刺是她的婆婆。婆婆非常强势，仗着自己身体不好，在家里如同女皇一般，公公和先生都让着她。婆婆觉得H的娘家是农村家庭，父母没有文化素质不高，言谈间常常流露出傲慢、不尊重对方的态度，对H的挑剔也越来越频繁。一开始的几年，H诚惶诚恐，在家里小心翼翼，生怕惹了婆婆不高兴，有矛盾只能忍让。在极为要面子的婆家，人前人后还要装出家庭和睦的样子，要是爆出婆媳矛盾，那可是堪比丑闻，会让亲戚朋友街坊邻居笑话。

有时候，这根刺又是她的领导。她的领导强势而威严，总是不苟言笑地布置工作，要求结果而不关心实施过程。由于害怕出错，害怕被批评，H在公司也是诚惶诚恐，每天战战兢兢，生怕被领导抓住问题批评一顿。

连续几次和“刺”敞开沟通之后，她知道自己承担了太多，压抑了太多。那些缠绕的刺，只是生活、工作中棘手的难题的化身，是她一直想要面对而不敢面对的关系冲突。而那些被她怀疑有刺而扔掉的衣服，也不过是她想要扔掉而无力扔掉的关系的化身而已。

【自我探索】

1. 来一次身体扫描，看看你喜欢自己身体的什么部分、部位？原因是什么？

2. 觉察你讨厌、嫌弃的身体部位有什么？请一一列举出来，并对应地写出来原因和头脑中的想法。

3. 身体有哪里发来酸麻胀痛的信号吗？这些信号在传递什么信息？

【觉察工具】

记录句式：

1. 我喜欢身体的________，周围人总是夸我________。

2. 我讨厌我身体的________，让我感觉________。

3. 我总是________，结果________。

4. 我经常________，然后________。

【示例】

1. 我喜欢我的鼻子，因为我的鼻子很有特点且好看，有些像欧洲人的鼻子那样，这让我时常被注意到。

2. 最近颈椎一活动就咯嘣响，总是玩游戏，没有运动，身体快要生锈了。

3. 我发现我走路总是弓腰塌背，像个罗锅一般，我的内心是有多害怕？

身心一体的秘密：身体会说话

每个人都创造自己的身体和灵魂，以容纳、展现对这个世界的理解和互动姿态。

在探讨身体和我们的精神世界的关系时，我常常困惑于很难有一个词语可以很好地概括人们的精神世界。就目前来讲，我们无形而庞大细腻的精神世界包括意识、心理、思维方式、意志品质、价值观、情感情绪，甚至灵魂、魂魄等。但是，在现代中文里却很难有一个词可以涵盖这所有。“心理”通常局限于心理状态，而单字“心”又多指代心脏、思想等。

我去翻阅《说文解字》似乎也没有发现什么，当看到《黄帝内经·灵兰秘典论篇第八》关于“心”的描述时说“心者，君主之官也，神明出焉”，“心主神明”，“主明则下安”，“主不明则十二官危”，这里的“心”似乎就是人身体和精神世界的君主，每个人有十二官，分别管辖不同的情绪意志、器官，各司其职运转身体的小宇宙，十二官的运转状态，关乎人们的喜怒哀乐，健康、疾病等。

也就是说，这里的“心”不是我们现在通常意义上的心理、心脏，而是一个更有统摄意义的精神世界的“君主”。这么一说的话，“心理”这个词气势立刻弱了好多，不过它代表的人们内心状态，却是最接近“君主之心”的意思的表述。

这里跟朋友们明确一下，在探讨身心关系的时候，就是在探讨身体和自己的精神世界的关系状态，只是，“心”常用“心理”表述。

近些年来，出现精神类疾病和心理问题的人越来越多，过劳死、猝死等令人惋惜的事件也时常见诸报端，而心脑血管疾病、肠胃疾病甚至癌症等疾病的年轻化也时常让人慨叹。

其实，身体疾病和心理问题，是一体的两个面。只是很多时候，我们习惯去割裂地看待身体疾病和心理问题。身体和心理的关系状态，有两个极端。一种是特别和谐的状态，就像传说中的神仙一般，逍遥又自在，身体倍儿棒。另一种是完全撕裂的状态，内在精神世界和现实、身体完全无法整合，基本上就是精神分裂了。大部分朋友是处于中间状态，身心之间有互动有和谐，也有撕扯冲突和淤堵。

人们内心看待自我、看待身体的态度会直接影响身体的健康状态。身体病了，说明心理上也病了。心理上情绪淤堵了，身体也会出现淤堵，特别容易生病。抑郁症的患者基本上都有一定程度的躯体问题，比如心肺问题、肠胃问题等。

而身体生病了，人们看待疾病、看待自己身体的态度又会直接影响疾病的治疗效果。恐慌、伤心绝望等情绪会加重躯体疾病。“有许多人是自己把自己吓病、吓死的”，一些疑难病症的患者，一开始本是健康的，总是怀疑自己得了某种疾病，慢慢也就真的得了自己认为的疾病。而积极乐观的情绪则有助于疾病的康复。我认识一些癌症患者，开心乐观地配合治疗便做到了带病延年，有些甚至患癌 30 多年仍然状态良好。

所以，心理学家认为，去医院看病的人，70% 应该同时去看心理医生。这样就可以双管齐下，更好地解决躯体疾病。有许多人的躯体疾病，正是通过医疗、心理干预等身心同治的方式痊愈的。

身体疾病里包着情绪的苦

身心一体的观念近年来已经得到越来越多人的认可，也就是说我们的身体疾病里反映出许多内在积压的情绪。比如，脾胃不和的人吃调理脾胃的药可以暂时缓解症状，但并不能根治容易反复，那是因为这样的人多是思虑过多的人，平时习惯于焦虑忧心，情绪内耗极大，日子久了便茶饭不思，脾胃失调，疾病就出来了。

因此对于一些疾病的治疗，不仅要找到当下可以缓解症状的方法，如果还能了解到背后的情绪问题，那就可以得到更好的改善，甚至彻底地根治。

以我多年的经验发现，颈椎病除了和久坐伏案有关，还和内在僵化的信念有关。而一些偏头痛患者，往往有很多未被表达的愤怒，这些愤怒多指向亲近的人。患甲状腺疾病的朋友，往往有许多无法说出口的心里话，卡在嗓子部位。被鼻炎缠绕的人，往往觉得内在的自己是弱小的，常被挫败感笼罩，身边缺少有力支持者。而有妇科问题的朋友，通常对自己的女性身份不是那么喜欢，认为自己缺乏性魅力，甚至对性有一些负面的想法和感受，比如认为性是羞耻的等。当然，男性朋友也有类似情况，不认同自己的男子气概时，对自己的男性阳刚力量缺乏信心的时候，也会出现一些性和生殖层面的问题。

身体也是个体经历忠实的记录者

有经验的治疗师，可以从一个人的身体姿态、高矮胖瘦、身材比例看出他的过往经历甚至父母的性格脾气等。当然，不仅是治疗师，一些资深的人力资源经理，一些阅人无数的经验人士，似乎也有一种“看相”的本领，他们可以通过观察外在，了解对方的脾气、性格、偏好等内在。

这是因为，过往经历尤其是一些伤害性记忆，在人们的心理上留下伤口的时候，也会在身体上留下印迹。比如常被呵斥责骂的孩子，往往怯懦而胆小，身体姿态呈现出收缩佝偻样。被性骚扰过的女性、男性，大多柔弱羞怯，恐惧和人肢体层面的接近，甚至出现性恐惧、性厌恶等身心层面的症状。“一朝被蛇咬，十年怕井绳”“杯弓蛇影”，所指的就是这个道理。

被善待、被温暖相待，还是被嫌弃、被暴力对待，这些过往的经历，都会在身体和心理层面留下烙印。

从身体入手，追溯自己的个性与心理状态，可以了解自己之所以成为今天这个样子的原因。

【案例故事】

搏命跳绳只因不能"认怂"

R在公司组织的一次团建活动中摔倒，把腿摔骨折了。在咨询中，她这样描述当时的心理过程。

公司组织团建，好几个项目她都不擅长，就没有参与进去。这个过程让她心情十分低落，挫败、自责，觉得自己什么特长都没有，似乎比别人差了好多，心里不停地责怪自己："平时也不练个什么特长，这集体活动参与不进去多丢人啊！"

后来活动快结束的时候，大家开始玩起了跳大绳，就是两个人摇一条长绳，其余人排成一队轮流跳进去蹦两下再从另一侧跳出来，这样一群人玩儿就形成流动的状态。因为一个接一个，前边的人就没有时间犹豫，需要找准机会赶紧跳进去，不然后边排队的人就得等着。

本来R是不会跳绳的，但是因为所有的项目都没有参与，似乎这是最后一次机会了，而且看起来也不难，于是就加入了跳绳的队伍里。轮到她了，看到高高甩起的大绳，她突然间很恐惧，觉得自己真的不行，想要后退，但内心又冒出来一个声音："你怎么这么怂啊，连跳绳都不会，多丢人啊！"伴着这样的内心批评，她觉得自己必须拼一把，不能承认自己什么都不会，是个无能无趣的人，不能被人看扁了。

于是，R心一横就逼着自己迎了上去。但终究还是太恐惧，腿都不知道怎么跳，被绳子一绊就摔倒了，同时听到了一声脆响。那一刻，R心里更恐惧了，不知道腿发生了什么，委屈、愤怒，各种情绪涌上来。大家围了上来，看她已经疼得快要失去知觉，便立刻送她到医院检查，结果是骨折了。

她说，那个时候明知自己不会跳绳，明知自己害怕那个绳子，但为了面子，为了不被人看作𡂿包，就硬逼着自己去做了很恐惧的事情。

她说，那一瞬间的感觉非常熟悉。小时候，如果自己胆子小害怕一些什么事情，就会遭受父母的嘲讽和打击，无奈之下就逼着自己去做，哪怕整个过程自己一直颤抖一直哭泣。

是啊，她渴望在集体活动中有自己的影子，渴望被大家看见，渴望得到喝彩声，同时害怕自己不参加体育项目而被人看扁，害怕受到他人的嘲讽，所以就逼着自己去做内心很恐惧的事情。

在那个当下，R的内心和身体处于割裂的状态，身心不合，自然容易受伤。

梳理完整个过程，她一边哭一边说：“终于认识到自己做事情搏命的原因了。可是，这个教训，自己付出的代价太大了。”

【案例故事】

习惯性崴脚的心理动因

U在连续崴脚三次后，发现了一个规律，那就是他平均一年崴脚一次。他还发现，每次崴的分别是不同的脚，而且是穿着平底休闲运动鞋，在平地上发生。根本不存在什么下台阶，踩到什么而滑倒之类的情况。一开始他也非常纳闷，只好解释当天运气不佳，走了霉运。

然后，每次崴脚，基本上都得在家休息一段时间，两周或者更长。在家办公，公司也会体谅他的状态，尽量不安排很多事情，就跟放个大假似的。

我问他：“平时你会给自己放假吗？”

他说：“不会啊，公司那么多事情，同事们都各有分工，不能随便请假、休假。”

我又问：“你工作累吗？”

他说：“累啊，但是没办法，累也得强撑着啊，哪个创业者不累呢？”

“听起来这两个问题的答案都是头脑的意思，你问过自己的身体吗？”

他愣住了，说：“我也有很多时候，不想起床，想要休息几天好好大睡一场。但是终究还是没有办法说服自己，就只能撑着疲惫的身体继续上班去。”

“如果说，这几次崴脚在给你传达一些信息，你觉得身体想告诉你什么？”

他恍然大悟：“看来我是通过崴脚让自己心安理得地休息，因为我从不允许自己休息，但身体确实累了，于是就玩一个把戏，让我动不了，就必须休息。”

【自我探索】

1. 你有什么样的关于身体受伤的故事吗？背后的原因是什么？给你带来了什么样的影响？

2. 就你目前的理解，你的心理和情绪状态是否影响了你的健康？具体有什么？

【觉察工具】

记录句式：

1. 我经常________，在________情况下。

2. 我习惯于________，这样让我感觉________。

3. 我总是________。

4. 我发现________。

【示例】

1. 我发现我焦虑的时候特别喜欢吃东西，不停地吃，直到吃撑了，胃里难受了也还是想吃。

2. 我有一次体检，医生说有甲状腺结节，让我注意情绪调节，后来交了女朋友，生活很开心，第二年检查就没有了。

3. 我生气的时候，总觉得头疼。

4. 我经常感冒，尤其是在我情绪抑郁、工作压力很大的时候。

与器官对话：理解身体的诉求

人体内部脏器的运作过程，就像一个制度完备的国家，按照西医的说法，是依靠自律神经系统，恪尽职守相互配合。按照《黄帝内经》的阐述，人体内部有十二个负责不同职能的“官”，比如心、肺、脾、胃、膀胱等，不过这些都不是指具体的脏器，而是对应的经络，比如心经、心包经、肺经、膀胱经等，他们统一受到“心”这个君主的影响和带动，十二官和谐相处则身体通畅，心情愉悦。其中主要受“主君”的影响，心不安了，其他的各个“官”就危险了。

当然，各经络脏腑之间也是相互支持相互制衡的，可以说是此消彼长的关系，而且人们的七情六欲对脏腑经络器官的影响也有规律。《黄帝内经·阴阳应象大论》也有阐述，“怒伤肝，悲胜怒”“喜伤心，恐胜喜”“思伤脾，怒胜思”“忧伤肺，喜胜忧”“恐伤肾，思胜恐”。

也就是人们不同的情绪伤害的经络器官不同，而针对不同的情绪引起的症状，可以通过改变心理情绪状态来治病，也可以通过增强或者减弱关联经络器官的状态来治疗疾病。清代作家吴敬梓所写的长篇讽刺小说《范进中举》里范进的故事就很典型，多年努力考取功名的书生因为一朝考中，开心过度而癫狂，于是老丈人一个巴掌打下来，吓走了他的癫狂，就是运用了“恐胜喜”的逻辑。

关于如何通过心理情绪调节改善身体状况的，大家可以想象一下，一个人因为失误，损失了一大笔钱，非常焦虑自责愧疚，为了不想总是面对自责愧疚带来的负面感受，选择喝酒来麻痹自己，买醉之后大睡似乎可以暂时逃避一些痛苦。一段时间之后，把肠胃喝出了病痛，胃溃疡、十二指肠溃疡开始缠绕他。在吃胃药治疗的同时，他的自责和愧疚还是经常光顾，很多时候可能还是忍不住喝些小酒。这个时候，进行心理层面的疏导，减少愧疚自责，平和情绪，就不再需要通过酒精逃避了，胃肠也不用承受过多酒精的浇灌了。

有很多朋友没有自己的心理咨询师，也想纾解某些身体层面郁结的情绪，就可以试着通过器官对话的方式开展。

如果你有偏头痛，你有胃肠疾病，你有颈椎病，配合医学治疗的同时，你也可以疏通郁结的情绪，帮助自己更好地治愈病痛，重获健康。

【案例故事】

甲状腺问题凝结着无处安放的愤怒

M不到30岁，却有甲亢病史五六年，每天需要服药，因为不堪其扰，差点去做了甲减的手术。她也知道一旦做了甲减手术就不可逆了，需要终身服药维持激素平衡，对女性来讲，受孕也会受到一定的影响。犹豫之间，决定做一段身心整合治疗试试，经过一段时间的咨询后指标下降明显，开始逐渐减少药量。

和她的咨询工作中，有一次我印象特别深刻。我带领她和自己的甲状腺对话的时候，她描述说，感觉胸腔憋着一团火，后来那团火变成了一个人，面红耳赤，有点像关公一般，他很生气，拿着一把长刀在挥舞，使劲往上跳，但跳不出去，愤怒地跳脚，前后左右团团转。

我知道他很愤怒，他似乎在寻找出口，你帮忙看看哪里有出口没有？

她说，就是因为没有出口啊，于是愤怒地大声哭了起来，我觉得自己的身体就像一个玻璃瓶子，那个小火人在玻璃瓶里，滑溜溜地出不去，脖子那里就像个瓶颈，有一个塞子堵着，而且那个塞子只要看到小火人往上蹿，就使劲地扣下来，小火人就受伤一次。

那个塞子似乎有意义，被什么控制着?

是我妈，我感觉我逃不出我妈的掌心啊，不管我有任何想法，她总能找出各类理由压制我，说我不像小时候听话乖巧了，说我越长大越无法无天，不孝顺。我小时候有一次跟她犟嘴，她使劲揍我，把我堵在墙角揍，小时候害怕极了，怕她打死我。现在我大了，如果我坚持自己意见不理她，她就犯心脏病给我看。

我好生气好愤怒啊，呜呜呜。

陪着她哭了好一会儿，她慢慢平静些了，说我终于理解了为什么我的脖子粗，出现甲状腺问题了。我太生气了，而这个气又没有地方可去。

说着说着，又委屈地哭了起来。

……

【案例故事】

直接要求治疗腰椎间盘突出的来访者

见到我之后，他就提出了这次来的议题，其中一个就是最近腰椎间盘突出又犯了，疼得没法上班，在家里躺了两天还不见好转。我观察他的状态，看情形，确实比较严重，进门的时候步履蹒跚如同老人，坐下来之后给后腰塞了三四个靠垫，一向讲究礼貌的他，这次只能“京瘫”模样斜躺在沙发上。

他这么直奔主题也不奇怪，一年多的咨询，已经知道不仅心理层面的事情可以探讨，身体上的不适经过咨询疏导也可以有效改善，之前困扰他的偏头痛就是咨询之后逐渐消失的。于是这次腰椎间盘突出再次发作的时候就想到了并不是医生的我。

从身心关系的角度来讲，腰椎间盘突出主要是跟压力过载，恐惧、焦虑、承担等情绪的长期积压有关，当然这样的情绪背后也会有一些事件和人物关系存在，就这个部分进行梳理，宣泄部分情绪或许会有改善。

对他的治疗，已经比较轻车熟路了，问到他最近的状况，也确实有些压力事件。谈了几个月的女友想讨论婚事，父母也一直催着他赶紧结婚，但他觉得还没有做好心理准备；最近对自己的事业发展也开始不满意，觉得事业单位的清闲是在浪费时间，想要突破，又认为自己能力不行，无法应对新局面……恐惧结婚，对自己的工作和情感状态不满意，压力太大，伤心郁闷，经常陷入低落、无力之中。

了解情绪之后，我开始引导他进行放松，准备在浅催眠状态下进行进一步探索。

带领他去觉察自己的腰部，他说看到自己头脑中出现一个影像，他看到自己的腰部绑了一根绳子，在拖着一团黑乎乎的东西往前走，很累，很疲惫，想要挣脱，但挣脱不了，说着说着就委屈地大哭了起来，边哭边喃喃地说着，“我好累呀，我真的好累啊，那团黑乎乎的东西太沉了，我拉不动了”。

等他哭了一阵之后，我又带领他试着去看看那团黑乎乎的东西，他说，慢慢地他看得越来越清楚了，“那是一团漆黑的，方方正正的铁块，不，是铅块”。

“你试着回头去看看，或者停下来，看着那块黑黑的方方正正的铅块，看看它会不会说话，又会对你说些什么？然后你又想要和它说些什么？”

“那个黑黑的铅块就是想要跟着我，抓着我走，我走，它也走，我不走它也停下来，我往前走，那个绳子就绷得很紧，好像要勒进肉里，好痛苦”。

“你再仔细地看着那个铅块，盯着它看，你会发现什么？会是什么人吗？”

“我看到了，是我的爸妈，他们想要跟着我，他们总是害怕我照顾不好自己，我往前跑得快了，他们看不到我控制不了我了，他们就会担心害怕，怕我吃亏上当。如果我走得慢了，他们又唠叨我笨，怕我一事无成。”

“他们总是管着我，一天一个电话或者视频要我汇报，我不理他们，他们就打过来，我妈还各种唠叨，还说我不理她让她很难过，什么吃不下饭睡不好觉身体不好。可我已经不是小孩子了啊。”

“他们总是控制我，特别讨厌我做什么让他们无法容忍的事情，因为这样，小时候吃个零食都要偷偷地吃。我喜欢吃冰棍，爸妈不让吃，我小姑偷偷给我买，因为他们会交代小姑千万不要给我买零食，买冰棍。吃一个冰棍跟做贼似的，我小时候可想吃冰棍了。”

这个过程，哭诉一直不停，一个大男人想到父母的高压管控无力反抗，想到小时候对冰棍及其他事物的渴望，想到妈妈的情绪软控制而又无可奈何的自己，内心满是委屈。

这时候，哭一场是最好的发泄。小时候积累的担心失望，成年后积累的无可奈何，都需要出口，让一场泪水冲刷内在是对本能情绪的释放。

情绪有一个特点，一旦被你看到，被你释放，它对你的影响就会产生变化，他的反应又一次印证了这一点。等他哭痛快了，我继续带领他看着那个铅块，他说有了变化，“我现在停下来，那个黑块也会停下来，而且似乎那个黑块变小了，变成铁的了，没那么黑了。我们两个就那么近距离地看着，互相地看着。”

我问他，“那你可以试着放下那个铁块自己往前走吗？”然后停了一会儿，他就又哭了起来，他说，“我舍不得，我做不到，我不敢放下他们，我也不忍心放下”。我又问他，那你现在看到的情况是什么？他说，“这个铁块就是他们的期待，也是他们，他们老了，开始变得很矮小，我不忍心不考虑他们的感受，不过我也习惯了，我已经习惯了背着他们的要求、期待往前走”。

“那你现在拉得动那个铁块吗？”

“拉得动了，似乎摩擦力没那么大了，铁块也变小了，绳子也没有那么紧绷了，我可以慢一些往前走了。”

“你愿意这样往前走一段试试吗？”

"嗯，我觉得这样也挺好的，现在没那么累了，我可以拉着走了。"

宣泄情绪之后，我知道他的内在已经开始变化。宣泄释放那么多情绪，有泄也要有补，内在才容易平衡，我又做了一些"补"内在力量的环节。之后，又引导他适当活动下身体，他就闭着眼睛慢慢扭动腰部，做一些抖动、踢腿之类的动作，似乎要甩掉一些羁绊，甩掉一些不想要的东西。慢慢地他说我想弯弯腰试试，我让他跟着感觉走，他竟然做到了，然后惊喜地睁开眼睛说，腰部没有那么疼了，可以活动了。

许多时候，身心之间的关系就是这么神奇，一旦你打通了某些积压的情绪，身体的某些部位也会随之被打通。所谓通则不痛，在身心两个层面是一样的，也是互相关联的。

【自我探索】

1. 与自己知道的器官或者出现酸麻胀痛的器官聊聊天，看看它们会告诉你什么？请一一列举出来，并对应地写出来原因和头脑中的想法。

2. 你有什么样的关于生病的经历吗？是怎么发生的？和心理和情绪有什么关联吗？给你带来了什么样的影响？

3. 如果有某一病痛困扰你，可以多次进行器官对话，观察一段时间之后身体的变化。请记录下来。

【觉察工具】

记录句式：

1. 当我倾听身体的________，我发现________。

2. 我身体的________，告诉我________。

3. 我发现________，结果________。

4. 我________，原来是因为________。

【示例】

1. 我的偏头痛，是因为脑袋里有好几个声音经常打架，这些声音有来自爸爸妈妈的，我自己的，女朋友的。

2. 最近眼睛酸涩，是因为一刷手机就好几个小时，不能这样下去了。

我关注自己吃些什么

人类每天的生活、工作、思考，跑、跳、坐、卧以及睡觉，每时每刻，都需要燃烧能量供身体小宇宙的各个系统开展工作，而适合人类的燃料就是各类食物。于是，吃饭这件事情，就成了每个人每天的必要事件。经过漫长的演化，随着农业的发展，食品的丰富，现在的人们大多数习惯了一天三顿的饮食节奏，也发展出了商业社会的饮食潮流和饮食文化。

吃饭，已经不再仅仅是满足身体需要的摄入行为，而是越来越和人们的社交、心理状态、社会文化等关联在了一起。

偏听偏信的吃

吃什么，怎么吃，人们往往会受到商业广告的影响，受到所谓养生专家的影响，广告说要吃钙片，防止骨质疏松，市场上也有各个商家不停推销，于是就吃了，全然不顾可能吃多了会有胆结石。专家说喝牛奶可以补充蛋白质，喝红酒有利于疏通软化血管，很多人就每天牛奶、红酒不停歇，全然不顾自己喝牛奶就拉肚子，喝红酒就头晕脸红，结果肠胃每天遭到暴击，肝胆每天超负荷工作。

在吃这件事上要相信人的本能，而不是头脑觉得应该吃，哪个有营养就多吃，不要盲目听从广告的催眠式引导，再好的东西吃多了也容易变成身体的毒。吃得是否均衡，吃得是否舒服才是人们需要关注的。

炫耀攀比的吃

还有些人在吃的食物上加入了炫耀和攀比，为了显示自己能吃得起好东西，自家条件比别家优越，经常什么新奇吃什么，什么稀有吃什么，什么昂贵吃什么，全然不顾肠胃是否消化得了，对身体是不是造成了伤害。结果，吃出了一堆身体问题。

用新闻或娱乐节目当作料的吃

有些朋友吃饭的时候喜欢刷手机、看电影等，边吃边看电视、刷视频，跟着剧情和视频，情绪或喜悦或悲伤或愤怒，一顿饭从热吃到凉，从开心吃到愤懑，从饥饿吃到完全没有胃口……

我就有过类似的经历，新冠病毒疫情期间，有一段时间，我一边吃饭一边刷新闻，刷着刷着就被新闻内容牵动了，难过、悲伤的情绪涌上来，立刻觉得胃部胀胀的，堵得慌，饭也吃不下去了。平复了十多分钟，又热了热饭菜，继续吃，也一点胃口没有，想着下午还有事情，万一饿了也受影响，就还是吃了，结果，吃进去的饭菜就有些堵在胃部了，连续打嗝，按摩胃部才好了一些。

后来就尽量吃饭时候不看手机。想起来我爸说过“食不言，寝不语”，又立刻想到，“不听老人言，吃亏在眼前”。好多传统提醒，是经验和智慧的总结，拿来传承就会受益。

为了应酬大吃特吃

有些人为了应酬朋友或客户的饭局，本来一晚上已经应酬两拨吃了两顿饭，为了生意、为了面子，吃一把健胃消食片，接着又吃第三顿饭去了。

要知道，吃进去的每一口饭菜都需要牙齿咀嚼，唾液软化，胃、小肠、大肠的消化分解吸收，需要肝、胆、胰的消毒分解吸收……超过身体需要的堆积起来成为脂肪或者垃圾。吃进身体的食物，从“入嘴”到“出口”，需要身体的每一个零部件协同作战，才能解决掉。超过身体需要的食物无异于身体的毒药，只会增加负担，让身体超负荷运转。而那一把健胃消食片，帮助消解食物的同时，更主要的是加快胃部蠕动，就好像是给本已经在辛勤的、超负荷工作的胃部，抽了几鞭子，让它多拉快跑，加倍工作。

【案例故事】

吃饭是一天中最快乐的事情

来访者Z分享说，每次吃饭，只要桌子上还有食物，他就会不停地吃。吃撑了也得吃，好像是一种强迫动作一般。几乎每次都这样，经常和朋友吃饭一吃三四个小时，大家都不吃了，他还停不住，每次都吃得肚儿圆。

后来了解到，他头脑中有个信念，吃饭是天经地义的事情，每个人都必须吃，谁都管不了。所以，吃饭的时候，是他一天中最快乐的时候。

当我问他，不吃饭的时候，都有哪些不开心的事情呢？他列举了好多，小时候印象里，每天都要帮忙做农活，还需要抄课文写作业，还会被爸爸妈妈姐姐哥哥们指挥着去做各类跑腿、拿东西之类的事情。反正忙得团团转，没有自己的时间。

只有吃饭时间，爷爷奶奶会说，“先别喊他，让他把饭吃完”。他们家吃饭似乎有特权一般，优先于其他事情。慢慢地，吃饭对于他来说，不仅是休息时间，还是被特殊保护的时间。忙忙叨叨的日子里，乏味的日子里，吃饭就变成了一件非常快乐的事情。

【案例故事】

“狼吞虎咽”与“正念进食”

L 则不同，每次吃饭都很快，一顿饭，风卷残云、狼吞虎咽，几分钟就搞定了。她说停不下来，一看到吃的就很着急，经常急慌慌吃完，才发现吃撑了。

而她关于吃的记忆，则是经常不够吃，小时候家里人口多，粮食少，经常饭菜一上桌，一会儿就没了，所以必须快点吃，不然吃不到就得挨饿。

后来就算她事业有成，家庭富裕，也还是吃饭速度偏快。于是就带领她一起正念吃东西，从一颗葡萄干开始，慢慢含着，体会唾液包围葡萄干，软化，溢出甜甜的味道，渗入口腔，慢慢试着嚼一口，然后体会甜香四溢的感觉，直到一点点嚼烂，送入食道……感受品味食物的过程。

一段时间的慢吃、慢品、慢嚼之后，她吃饭的速度降了下来，吃饭量也少了好多，减重明显，且状态也放松舒缓许多，用她自己的话说，“感觉自己清爽多了”。

一些体重长期超标的朋友，要注意自己在食物或者在吃东西的过程中绑定的内在心理语言。

【案例故事】

自虐式吃：吃到嗓子眼然后催吐

H则经常忍不住吃好多东西，明知道已经吃不下了，但一定要到那种吃到嗓子眼的感觉，吃到恶心了，跑去洗手间催吐。这样的状态，持续了半年多，尤其是独处的时候，嘴巴闲不住，什么都往嘴里放，水果、坚果、薯片、薯条等，一开始就停不下来，直到催吐累得自己筋疲力尽。

我问她，为什么要这么虐自己？你在怪罪自己什么？她先怔了好一会儿，后来似乎发现了什么，情绪就崩溃了，大哭了起来。边哭边说，自己生意失败，赔得血本无归，家人朋友各类指责怪罪，她还不能示弱，只好硬扛着，也不甘于承认自己的失败，还想着借钱周转，重新开始运作，好把失去的再挣回来。可是，这个过程太艰难了。

当人们遇到一些事件，有难以表达的情绪积压在身体和心里的话，这些积压的情绪往往会用不同的形式冒出来。生意的失败，她后悔自责，作为第一责任人，她承担的压力比谁都大，但是在周围人都指责和攻击她的时候，她只能选择用强硬的姿态保护自己，一边用坚硬的外壳保护内在的脆弱，一边习惯性地要惩罚自己的过失。吃到自己胃部难受恶心，再催吐，让身体受苦，就是一个自我惩罚的过程，也是转移内心痛苦的方式。

当她看见自己内心的挣扎与脆弱，当我们一起探索出可以表达情绪的方式，合理释放内心的痛苦，从周围的亲友间获得必要的信任和支持，她慢慢地不再需要用食物填满恐慌，用催吐惩罚身体。

以损坏健康为代价的减肥

当前国内社会以瘦为美，许多人热衷于减肥，不管男生女生，喜欢节食不吃东西，或者只吃蔬菜，要吃所谓的低热量食物。还有些只吃水果和蛋白粉，说是什么机构的减肥套餐。一段时间后，有些女生吃得情绪抑郁、没有精气神，胃肠出现疾病，甚至连月经也不来了。男生不会在月经问题上呈现，但会在胃肠上显现，有不少人减肥减出了胃溃疡，痛苦难挨。

更有严重的，减肥减出来厌食症，认为吃东西会让人胖，胖了就不美了，不美了就没人喜欢了，而自己又特别讨厌和恐惧那种不被喜欢、被冷漠对待、被抛弃的感觉。这个过程，要记住这个思维链条对于头脑太复杂了，费时费力，于是经过思维简化，把“食物”和“没人喜欢的被抛弃感”建立连接，讨厌那种被抛弃的感觉，开始变成了讨厌吃的，讨厌食物，甚至恨食物，恐惧食物。有部分人，变得无法进食，导致严重的营养不良，甚至失去健康和生命。

放眼周围，以损坏健康为代价的减肥比比皆是。其实很多时候，吃的过程带着觉察，要收敛心神，专注于吃饭，哪些吃得舒服，哪些不舒服，身体会有一些信号发出来，能及时接收。同时觉察吃饭过程的内心声音，也可以及时发现自己在吃饭这件事上捆绑的无意识动力。当知道自己为什么吃得多吃得快的时候，只要解开捆绑着吃饭和特殊心理状态的绳子，自然就不会吃那么多吃那么快了，减肥就水到渠成了。

关于吃，你有什么样的特点呢？你是怎样管理自己的“进口”项目的？你也在为减肥发愁吗？一起来梳理下自己吧。

【自我探索】

1. 记录三次吃饭过程，包括吃了什么，过程中发生了什么，有什么想法，内心有什么感受、情绪冒出来。

2. 关于吃饭带给你的影响有什么？

3. 你的胃肠状态是否健康？你认为可能的原因是什么？

【觉察工具】

记录句式：

1. 我经常________，这个过程里，我头脑中的声音是________。

2. 我习惯于________，这样让我感觉________。

3. 我总是________，我的________可以得到满足。

4. 我喜欢________，是因为________。

【示例】

1. 我喜欢边追剧边吃饭，是因为一个人生活，吃饭的时候没有些响动，总觉得很寂寞。

2. 我喜欢吃各类零食，那种被零食包围，随时有的吃的感觉，很满足，很有安全感。再也不要经历小时候没有零花钱，眼巴巴看着别的小朋友吃零食的委屈了。

3. 我经常吃饭很快，吃完了就跟完成任务似的。

我关注自己喝些什么

水约占人类体重的70%，是人体的重要组成部分，从血液到骨骼皆含有一定比例的水分，人类生命状态的延续和发展离不开水的滋养。和吃饭一样，补充水分也是每个人每天必须要做的事情。

随着人类的演化发展，补充水分的选择也变得非常多样化。人们喝的东西也是丰富多样千差万别，有人喜欢喝白水，有人喜欢喝各类碳酸饮料、功能饮料、果汁饮料，有人喜欢喝各种各样的红茶、绿茶、花茶，还有人喜欢喝各类汤羹，也有人喜欢喝米酒、果酒、啤酒、药酒、白酒、红酒，等等。

与吃什么一样，每天喝什么，喝进身体的东西，也在影响我们。或者换句话来讲，你喜欢喝什么，背后一定也有某些心理动力在支撑。了解自己喜欢喝的、常喝的，是为了更好地了解自我与身体的关系，也是为了更好地了解自我状态。

有人喜欢白开水，说能从白水的纯净平淡里感受真实和简单。早起一杯白开水，清肠润肚，就像灌溉干涸的土地一般。

有人特别爱喝碳酸饮料，说受不了白开水的寡淡，喜欢碳酸饮料那些气体进入身体，让二氧化碳在胃里蒸腾，然后不停打嗝的刺激感。

还有人喜欢煲汤喝，说一碗汤下肚，可以感受身体被滋润的感觉，就像大地被雨水滋养。

有人喜欢喝果汁，觉得对身体有营养又酸甜可口。

还有人喜欢喝酒，喜欢微醺后的迷离缠绵，喜欢酩酊大醉后忘却纠缠的烦恼，喜欢借着酒劲可以做一些平时不敢做的事情，喜欢喝酒后身体麻木的感觉，还有些喜欢喝酒后头脑飘飘的轻松……

还有人喜欢喝茶，钻研茶文化。绿茶的清新，白茶的韵味，红茶的温暖……有朋友说，品茶就像在品类繁多的茶叶中寻找懂自己身体的老友，一旦找到几个，就可以享受身心被滋养的感觉，每次喝茶都是一次约会般的开心。

是啊，人们有许许多多的选择，茶的静谧，酒的浓烈，碳酸饮料的刺激，汤羹的滋补，白开水的平淡。

你喜欢什么？常喝什么？喜欢的理由又是什么？是为什么而喝？你常喝的茶或者饮料适合你吗？给你带来了什么样的影响？

梳理我们常喝什么，可以看到许多内心故事。

听妈妈的话，要多喝水

在我没有觉察自己的喝水习惯，了解自己饮食捆绑的思维之前，也走过不少弯路。我妈妈有个习惯，喜欢喝水，说喝水对身体好，所以她也教导我要多喝水，我自然是听话的，出门常备的就是一个水杯。这样的习惯持续了好多年，直到我开始训练与身体成为朋友，觉察自己吃饭喝水的细微感受。

在妈妈的教导影响下，我之前喝水会大口喝水，微微口干就豪饮一阵。慢慢我发现，豪饮几百毫升水之后会有饱腹感，甚至有时候会觉得水好像在胃里晃荡。我开始有意识地小口喝水，每次一两口，不渴就不喝。很奇怪的，我发现，每天也不需要喝太多水，也不觉得渴，而且我觉察到胃部和小腹部似乎轻松了不少，那种经常胀胀的感觉很少出现了，上厕所次数减少了，出汗也没那么多了。更有趣的是，我觉得自己身体也轻松了不少，好像每天少灌进去几杯水，身体的工作量减少了。

后来想了想，身体的工作原理不就是这样嘛，就算是白开水，送入身体之后，也是需要胃肠消化吸收，肾和膀胱检测过滤的。这些过程，包括把那些多余的水分排出体外，本身就会消耗它们。当我减少喝水量，不再把多余的水分灌进身体，身体的压力也减少许多。

这时我才发现，其实我的身体不需要喝那么多的水，喝水是头脑的命令而不是身体的需要，以致多年来给身体增加了许多额外负担。真的要给自己的身体道歉了：“对不起，这些年没有顾及你的感受，让你白白过滤那么多多余的水分，给你增加额外负担了，谢谢你的任劳任怨。”

一段时间以后，自我感觉越发良好，身体越发轻盈了。

【案例故事】

只喝甜饮料的青少年

有一朋友家的亲戚，一个胖胖的男生，20 岁吧，200 斤出头的体重，几次见到他，手里基本都拿着各类饮料，碳酸类的或者甜汽水等，他说他很爱吃肉和甜食，对各类甜品、甜饮料毫无免疫力，就喜欢喝甜水，基本上不喝白水，觉得没有味道，喝不下去。

关于喝甜水，他有一句触动到我的理由，他说，“甜的好喝啊，谁不喜欢甜的东西呢？本来生活就很苦了，所以我需要一些甜的东西”。后来了解到，他外表大大咧咧的性格背后也有不少生活故事。十岁的时候父母离异，后来都

> 分别再婚，觉得自己去谁家都是多余的那个，哪个家庭都不欢迎他，时常觉得自己被抛弃了，孤单弱小又可怜。和父母隔阂越深，怨恨也越深，能怎么办呢？还不是需要靠自己，就自己找乐子，和一堆朋友吃喝玩乐。

我也确实发现，生活中不少青少年，超级喜欢喝饮料。尤其是夏天，看大家拿在手上的，基本上是五花八门的各类饮料。时下有不少青少年体重超标，跟他们日常生活中大量摄入高糖高脂肪的食物和饮料有密切关系，当然也跟他们久坐，缺少运动有关系。

各类甜食饮料的流行，一方面和商家的营销宣传有关，另一方面也是许多孩子在群体中被群体动力裹挟的原因，其他孩子都喝饮料，如果自己喝白水，就会有格格不入的感觉，甚至可能被嘲笑，除非内在有比较强的自我信念能够坚持自己的言行举止，不被群体影响。长期喝各类刺激味蕾的饮料，吃麻辣烫、火锅，口腔对各类刺激的感受性就迟钝了，就越来越喜欢重口味的东西。

可叹的是，大量摄入高糖饮料，对身体的危害也是非常明显，青少年肥胖、青少年糖尿病等越来越多。有些青少年糖尿病患者，从十几岁开始就要每天服药，而且大概是要终身服药。一个十几岁就要长期服药的青少年对自我的认知和感受，和一个健康、充满活力的青少年相比，通常会自我价值偏低，信心不足，缺乏面对困难的勇气及应对挑战的动力。

【案例故事】

依赖酒精的心理动因

L的饮酒历史有十几年了，最近几年发展到每天都必须喝酒，一天恨不得三顿酒，如果和朋友聚餐，喝得更多。哪天要是缺了酒，就百爪挠心，这日子过得就没滋没味的。平时喝也还好，只是隔一两个月就会大醉一次，喝醉了大吵大闹、耍酒疯，且不分场合。和老婆孩子吵架，有时候还动手打老婆。

追溯他的过往，他说20多岁时候开始喝，那个时候生活困难，工作也不顺利，各类糟心事儿一个接一个，郁闷的时候就喜欢喝个小酒，喝完后头脑飘飘欲仙，感觉事儿也没那么大了，再和人吹吹牛，自己都觉得自己很厉害。有时候睡不着觉失眠的时候，也一个人喝闷酒，猛灌一通，等身体开始发飘，迷迷糊糊的时候，就啥也不想了，倒头睡一大觉，起来又是新的一天。于是他慢慢喜欢上了喝酒，钱不多的时候，什么都能省，唯有二锅头不能省。慢慢地，离不开酒，每天不喝几两就过不去。

许多人的酒精依赖，就是一个慢慢成瘾的过程。日常生活、工作中，大家难免遭遇各类压力和困境。拿日常工作来说，人们都需要克服单位和家庭所在地的距离，搭乘公交或者地铁去上班，然后还要动用知识和技能去解决问题，解决不顺利要经受挫败感和自我怀疑，和领导同事关系不融洽要经受人际交往受挫，甚至被排挤被孤立等。要直面这些日常挑战，需要耗费极大的身心能量，一旦自我不稳定，难以承受这些压力，本能层面就很容易想要逃避。

酒精是个很好的帮手，喝酒之后，身体得到放松和麻醉，可以让人们不去面对生活琐事，可以暂时摆脱失眠的痛苦，可以逃避生活的困难，也可以避免自己承受挫败、低价值感等心理痛苦。

但酒后的世界只是短暂的通过逃避得来的缓解，醒来后还是现实，无休止地逃避不仅不利于事情的解决，很可能给自己和家庭带来更严重的危机。

认识到依赖酒精的原因，从原因入手，就更容易摆脱对酒精的依赖，比如，通过学习和技能培训提高自己的胜任力，通过学习沟通和表达构建融洽的职场关系和家庭关系，通过一定的体育锻炼去改善身体的代谢能力，提升内在力量感，通过维护良好的亲友关系构建一定的社会支持。

让自己更有信心面对生活和周围的人，让自己的关系更和谐，让自己的思维从逃避转为迎接。

当然，大部分朋友距离甜饮料依赖、酒精依赖之类的行为还很遥远，这里几个例子相对比较典型，是为了提供一些思路。

还是回到我们自己吧，你经常喝什么，怎么喝，这些进入身体的饮品又是怎么影响你的呢？

【自我探索】

1. 觉察你每天怎么喝水的，喝多少，身体的感受是什么。

2. 觉察喝碳酸饮料时候身体的感觉是怎样的？你身边有常喝碳酸饮料的朋友吗？他们的身体会受到什么影响吗？

3. 还有什么是你常喝的，身体的感受怎样？带给你的影响有什么，从社交层面、身体健康层面等试着梳理。

【觉察工具】

记录句式：

1. 我经常________，在这个过程里，我身体的感受是________。

2. 我习惯于________，这样让我感觉________。

3. 我总是________，我的________可以得到满足。

4. 我喜欢________，是因为________。

【示例】

1. 我喜欢喝可乐，尤其是运动完了，可以让身体温度降下来，我也听过这种给身体降温的方式有些对身体不利。

2. 我经常喝酒，尤其是红酒，因为大家都说红酒对身体有好处。

3. 我喜欢煲汤喝，真的是很滋补身体的感觉。

我关注自己的排泄

如果说吃喝进来的食物、水，是人体的“进口”，那么，通过汗液、尿液、粪便以及女性月经等进行的排泄过程就是人类身体小宇宙的“出口”。

吃、喝等方式进入身体的东西，经过消化、吸收、代谢、被身体消耗利用等一系列繁杂精密的历程之后，还有一部分多余的物料，需要排泄出去，不然在身体里留存太多垃圾，也会污染身体环境，对身体造成伤害。大家想一想垃圾场或者垃圾箱吧，如果人体不能及时、有效、良好地排泄，体内的某些部分就会成为垃圾场一样的地方，毒害身体。排泄系统不顺畅的人，容易长痘痘、痤疮并有皮炎等皮肤病，以及肠胃类、代谢类疾病。

排泄是人体的自然生理过程，也是非常重要的过程，排泄物中携带着很多关于身体的信号。你看，人们去做体检的时候，会被告知要留下小便、大便的样本，以便通过化验了解里面的菌群和病毒状态，监测身体里发生了什么。有经验的新生儿母亲，也会根据宝宝的大小便颜色、气味、形状等情况，来了解宝宝的健康状态。宝妈们通过自然观察就可以了解不会表达的小宝宝的一些身体状态，可以及时调整养护习惯和养育方式，给予小宝宝最舒服最适合的照顾，帮助他们构建最初的对于世界的安全感及友好和信任。

宝妈们凭着最初对孩子的爱，可以观察宝宝的排泄物。可是许多成年人却极少会观察自己的排泄状态，了解身体发来的信号，及时调整饮食休息。而且，大多数成年人会排斥、讨厌提及排泄相关的话题，甚至会避而不谈。他们认为这是一个不雅的话题，也就错失了很多了解自己身体状态的机会。

当然，排泄是件私密事件，不需要广而告之，见人就讨论。只是，如果过于隐晦，对于自己身体的自然排泄是抗拒和厌倦的状态，不仅影响身体健康，而且也是内在心理的一种呈现。

【案例故事】

在公共厕所拉不出来的人

G有一个特点，大便只能在家里完成。如果早上出门前，没有排便，这一天就不会大便，就算是有便意，肚子难受，在公共厕所或者单位厕所，也拉不出来，必须得回到家里，坐在熟悉的马桶上，四周没有人打扰，才能放松下来，完成“出口”。

G是独居状态，除了家里，她觉得其他场合都不安全，尤其是厕所如果能听到来来往往的脚步声、说话声，更是让她莫名的紧张。出差住酒店，必须是一个人单独居住，上厕所时候需要把房间反锁，如果上厕所过程听到走廊有人走动，也会扰乱她的进程。

我请她觉察，对于排泄，自己紧张的内容有什么。她说害怕自己上厕所被人知道，似乎上厕所是件丢人的事情。小时候身边的大人有时候就会这么说小孩子：“你看那个谁谁在拉臭臭，羞羞。”

“我想，我小时候也被这么说过吧。”她说。

G关于排泄的羞耻感，伴随了她几十年，以致严重影响了她的正常排泄，影响了她的肠胃健康以及身体健康。

还有不少朋友不至于像G这样被严重困扰，但他们在公共厕所排泄也会有不同程度的焦虑，害怕被偷窥，害怕自己给别人带来困扰。

我有一个朋友，有一段时间换了个公司，公司比较小，租用的是住宅区的公寓，洗手间距离大家办公的地方很近。他说他在单位上厕所的时候，总觉得背后有一双双眼睛盯着似的，所以不敢在厕所待太久，怕占用了厕所影响别人如厕，也担心自己排泄的气味影响了办公空间，一进厕所就焦虑。

不同朋友的经历中，上厕所过程可能发生过一些事情，如果留下了心理阴影，就可能影响后来上厕所的感受，并且影响大小便。比如，经常去的卫生间遭遇过偷窥的，或者被类似故事惊吓过的，上厕所经常被唠叨、催促、嘲笑的，等等。

关于上厕所的强迫性习惯

我个人也有一个关于排便的强迫行为，就是每次出门前、睡觉前，需要上个厕所，哪怕是半个小时前去过厕所，临出门或者上床睡觉必须再去一次，就像个仪式一般，不去就不踏实。

这个习惯的养成也是受我妈妈的影响。小时候半夜起来上厕所是需要惊动大人的，我妈可不想自己正做美梦的时候被吵醒，于是强迫我每次睡觉前必须去上次厕所。我记得大概六七岁的时候吧，有一次我在睡梦中被提溜起来必须要去上厕所，不起来都不行。后来知道，那是因为我妈要睡觉了，她要在自己睡觉之前搞定自己娃的排泄问题，避免给自己添麻烦。

慢慢地，我就养成了一个刻板的、强迫性的习惯，出门前，外边找厕所不容易，上个厕所才出门；睡觉前，为了更香甜的美梦，上个厕所才关灯。

还好这两个行为并不影响到什么，我就没有刻意去改变，就这样延续了好多年。

女性痛经

成年女性，每隔 28 天都有一次经期。女性受卵巢激素的影响，每月排卵一次，如果这个月份里，卵子没有遇见精子，没有胚胎在子宫入驻，到一定时间这些激素会促使子宫内膜脱落并排出，就相当于给子宫做了一次卫生大扫除或者重新做了个装修。

月经是成年女性每月一次的大事件，也是女性身体状态的信号。按照自然的规律，女性经期一般是 28 天，但受到情绪、气候、饮食、睡眠节律等的影响，不少人的月经变得不那么规律，有些提前有些滞后，21 天到 35 天不等，还有些半年左右来一次。也有不少女性经期会肚子痛，严重的会痛得影响日常生活，甚至有些说痛得在床上打滚。不少女性被痛经困扰，我甚至有次听某三甲医院医生说，现代女性痛经不算毛病，定期体检就可以了。

我们来看看“痛”这个字的含义，由“疒”和“甬”组成，“甬”是走廊、通道的意思。痛，就是表明人体内部的通道出问题了，本该畅行的经络通道集结了许多不该有的气血，淤堵上了便会痛。

女性的月经本是自然现象，成年女性，在健康状态下定期“打扫”子宫，排卵，做好孕育的生理准备，一般情况下不会痛，这期间只要好好休息休养，是很好的女性自我关照自我蓄能的机会。如果痛，就说明生殖系统有不通畅的地方，有一定的淤堵和寒气凝结。

现代很多痛经的女性，基本上和这两个原因有关。一是大家普遍压力大，经常熬夜使得身体休息不够，气血不足。二是吃穿方面，爱吃寒凉食物，穿衣服露出肚脐、脚脖子，使得寒气凝结于身体内部，造成淤堵。

但我们的咨询实践中也发现，不少女性的痛经和对于自己女性身份的认同，和对自己身体的喜欢程度，以及对性的理解有关。

那些在重男轻女家庭里长大的女孩子，那些父母有意无意地表达过希望自己是个男孩的女孩子，那些早期遭遇过性侵犯的女孩子，那些不认同自己女性身份、不喜欢自己的女性特征的人，以及那些认为性是肮脏的、抗拒性行为的人，更容易有痛经感受。

我有一些来访者，痛经多年，经过内在探索，和解一些关系之后，慢慢接纳自己女儿身，接纳自己的身体并喜欢自己之后，再配合一些身体调理和锻炼，月经就不再痛了，并且也变得更漂亮更有女人味了。

你有怎样的关于排便的经历和感受吗？如果你是女性，你的月经状态怎样？你运动时候出汗多吗？及时识别信号有利于了解自己的身体状态，了解身体这个好朋友正在经历什么。避免问题严重化、扩大化。

【自我探索】

1. 觉察你的排便频率，排便量，观察大小便的质地颜色气味等。最好能够记录一段时间。

2. 感受不同排便状态下，身体的不同感受。

3. 你有什么样的关于排便的故事吗？背后的原因是什么？给你带来了什么样的影响？

【觉察工具】

记录句式：

1. 我经常________，在这个过程里，我身体的感受是________。

2. 我习惯于________，这样让我感觉________。

3. 我总是________，我的________可以得到满足。

4. 我喜欢________，是因为________。

【示例】

1. 每到一个新的地方，我喜欢先去确认卫生间在哪里，我忍受不了那种想上厕所找不到厕所的感觉。

2. 我总是痛经，妈妈说跟我总是爱喝冷饮有关，可我忍不住不喝。

3. 我每次考试之前都会肚子疼，要在厕所一蹲就是半个小时左右。

我关注自己的呼吸

说到呼吸，朋友们可能会感觉有些意外。呼吸还要关注吗？它不是自动发生的吗？要是不提呼吸这两个字，你甚至都忘了还有呼吸这回事儿了吧。

是啊，健康的人，我们自然地呼气，让空气流经身体，让氧气进入肺泡，与肺部、心脏合作进行一套繁杂而精密的化学过程，变成身体需要的氧分子，润养组织细胞及血液，然后经过系列循环过程，再把身体不需要的废气呼出体外，整个过程算作一个“吸—呼”，习惯性称作“呼吸”。

只是，大多数时候，我们的许多行为已经自动化了，把一呼一吸当作自然发生的部分，很少会意识到这个过程。除非在感冒鼻塞、身体憋闷不畅，甚至呼吸系统出现疾病的时候，才会感觉呼吸的存在，意识到鼻子、肺部等呼吸系统的功能以及其重要性。当然，皮肤、汗毛孔也是人类呼吸系统的一部分，这里不做过多阐述，重点讨论经由呼吸道开展的呼吸过程。

首先，经由呼吸进入身体的氧气对人体具有非常重要的作用。氧气可以激活人体的发动机——心脏，让身体运转起来。而一旦没有氧气的供给，心脏和大脑缺氧、缺血，可以快速导致脑细胞死亡，以及身体重要器官衰竭，甚至死亡。有医生朋友告诉我，真正意义上的缺氧，用不了 1 分钟就可能导致死亡。也就是说，如果没有呼吸，人们的生命安全就会受到威胁。

其次，呼吸可以调节情绪状态。通过呼吸的调节，可以调动不同的情绪状态，可以让情绪从烦躁到平静，也可以从平静到焦虑。演员在需要调动情绪的时候，往往就是通过呼吸启动身体。大家在日常生活中也会有体会，当我们情绪烦躁的时候，呼吸也会变得短而浅，有些时候还会出现憋闷不适。这个时候，如果对自己说，放松下来，深呼吸。几次下来，情绪就会平静一些。这个过程可以明显地看到呼吸对情绪的影响过程。在咨询室里，有时候来访者情绪激动，呼吸急促，需要适当地缓和情绪，引导他们把注意力专注到呼吸上来，往往可以较快地平缓情绪，转换情绪。

有一次跟一个朋友聊天，她每过几分钟就会深吸一口气，再长出一口气，像在叹气一般。我问她，你自己知道在频繁地叹气吗？她说知道，因为这样舒服，不叹气觉得胸口憋闷难受。也就是她平时的呼吸，已经很难满足身体的需要，需要“叹气”这个深呼吸过程让自己多吸入一些，舒服一些。后来了解到，那段时间她家里的一大笔投资被熟人骗了，心情很复杂，愤恨又无奈，自责又挫败，和先生的情绪都有些低落抑郁。所以，她的叹气，是在释放压抑的、没有被看见的情绪，也是身体的自我平衡方式，用大声吐气的方式表达一些内容。我建议她开始适当地运动，去空旷的地方喊喊山，甚至吵几场不伤夫妻感情的架，把憋闷的恶气发泄出来，然后可以站桩或者瑜伽调整呼吸方式。过一阵子再见她，发现她“叹气”没那么频繁了。

最后，呼吸方法可以调节心脏功能。人类的消化系统、排泄系统等各系统及脏器，由自律神经系统调节而工作，就像在黑匣子里闷头干活一般，人类的意识很难调控。你很难影响自己的肝脏怎么开展工作，多干一些或者少干一些，如果你体谅它们，说“休息一会儿吧，别累着了”，它们听不懂的，除非你有意识地注意饮食，比如少喝酒，来减轻它们的负担。

但是，你可以通过呼吸调节心脏的律动，让它少干点活，适当休息。大家可以测一测自己的心率，看看静止心率是多少。这个心率就是每分钟心脏跳动的次数，也就是心脏干活的次数。不同的人心率差异非常大，运动员可能每分钟 40 多次，而有些焦虑的来访者则可能每分钟 80 次。不同的心率就显示出了不同的健康状态，那些让自己的心脏频繁干活的朋友，就如同每天加班的员工很容易亚健康一样，长期高频次干活的心脏也容易衰弱下来，甚至生病。

心率偏高的朋友可以通过调节呼吸节奏来给自己的心脏减负，你可以带上心率监测仪器，记录一个日常呼吸节奏的心率数值，然后有意识地缓慢深长地呼吸，使用腹式呼吸法，让整个身体放松下来，保持专注状态在自己的身体里，保持放松悠长的呼吸节奏，再看看心率数值，一定会比平常的低一些。通过瑜伽、打坐、站桩等方式都可以很好地改善呼吸状态，当然，在开始之前最好找有经验的老师指导，他们会讲解呼吸的方式方法。等腹式呼吸成为日常的习惯，一段时间的深长缓慢的呼吸，可以一定程度上改善心脏的功能。

其实，深长的腹式呼吸，不仅可以改善心脏功能，还直接影响人体健康，因为每一次深长放松的腹式呼吸，都会带动膈肌上下运动，这其实就是在带动身体里的脏腑进行运动，或者是对内脏器官进行全面按摩。这也是为什么不管是中国的中医养生、道家智慧，还是印度的瑜伽，西方近些年开始流行的正面冥想，都非常重视呼吸的原因。

你想啊，如果呼吸过程吸入足够的氧气，血液中氧气的含量充足，可以促进身体各系统高效工作，吸收、排泄都可以最大化，吸收良好则营养充足精力充沛，各器官欢快轻松运转，身体小宇宙运转通畅，自然就是健康的状态，在外人看来也会显得活力十足，满满的减龄感。

中医养生特别重视呼吸法，认为一呼一吸之间的停顿，也就是“息”，是很重要的身体休息，而这个“息”的出现，需要身体氧气充盈，在呼和吸之间才更容易达成。一些医家还用呼吸进行治病，类似现在瑜伽练习中的唱诵。著名中医大家徐文兵老师在讲解《黄帝内经》的时候重点提到过敦煌出土的典籍里有南北朝时期道医陶弘景的有关著述。陶弘景曾提出呼吸六字诀，发出“吹、呼、唏、呵、嘘、呬”这六个字音，并配合相应的身体动作可以治疗不同的脏腑疾病。我试着发这几个字音，发现可以震动内脏不同位置的器官，和瑜伽的唱诵有异曲同工之妙。

【案例故事】

“人的一生呼吸有定数”？

一次，有个来访者和我讨论，他听过一种说法，“人一生的呼吸次数是有定数的，呼吸完了人就没有了”。他说，你看我呼吸这么急促，是不是活不长啊。

我第一次听到“人这一生吃多少，呼吸多少次都有定数”这句话时，是极为反对的，认为充满了宿命论的逃避和消极。

这个世界真的有什么样的至高的权威人物在安排每个人的人生际遇吗？每个人一出生就被安排了既定的命运，包括呼吸次数，吃饭多少？他凭什么来安排这些呢，又是怎么完成这项浩大的工程的？除了中国人还有外国人，地球上几十亿人呢。

后来我明白这句话的意思了，呼吸是人体与外界互动的方式，是伴随人一生的动作，从呼吸开始，到结束呼吸离开世界，如果人体损耗规律，也就是呼吸频率稳定的话，呼吸次数也有总量。

我们这样去理解，从受精卵着床开始，母体的营养状态心理状态，就已经直接影响胎儿的身心健康程度了。也就是从出生那一刻起，个体在遗传层面的健康程度就确定了。如果没有后天有意识的调整，基本上人的身体会在一定的节奏里慢慢衰老并走向死亡。从这个角度来讲，出生时候的基因信息、身体状态有一个总数。如果这一生有节奏地支取消耗，这个人的寿命基本上出生时候就定了。就像一辆车，撇开意外，发动机性能及车的整体质量基本确定了一生能行驶的里程数。

等我学习了《黄帝内经》，更懂“人的一生呼吸有定数”的意思。黄帝的老师岐伯讲解人体的气血运行时候，用一个昼夜太阳要经过 28 个星宿做比喻比较，描述一呼一吸对人体 28 脉运行的推动距离，参照当时的计时单位，换算出来一昼夜呼吸多少次。并且说了，人如果可以尽享天年，活到 120 岁，这一生的呼吸次数就有一个确定数值。所以，这个定数并非每个人先天定的，而是如果人类最佳利用身体资源，活到 120 岁，这个过程里需要符合自然节律而呼吸，太阳运转恒定，经络运转稳定，每日呼吸次数是稳定可计算的，一生呼吸总量自然也是定数，描述的是个理想状态。

只是，由于后世的人们已经远离自然规律，熬夜、抽烟、酗酒、长期高压力的工作生活，在不停地消耗身体，即便体细胞有能力再生 50 次，也很难活到 120 岁了。怎么呼吸，怎么保养身体，每个人能活多久，就是个体化的事情了。

至少，悠长沉稳的呼吸，可以最大化地吸入氧气，按摩脏腑，可以助力身体各器官的有效运行，节省资源排泄身体垃圾，可以长时间保持健康，保持长寿。

相反，如果人们长期身体压抑，呼吸过程受限，吸入的氧气量不够，肺部和心脏就需要超负荷工作，就会容易出现各类的呼吸困难甚至呼吸系统疾病，比如过敏性鼻炎、嗅觉失灵等。同时，其他器官长期代偿工作，也容易出现病变。

【案例故事】

“大气都不敢出”的来访者

来访者S，有一次带领她处理情绪的时候，我请她感受呼吸的过程。她跟我描述说，她呼吸有些困难，胸部憋闷，堵得慌，觉得自己有些喘不上来气。

我让她继续带着觉察感受呼吸，就像有第三只眼一般看着自己的呼吸，并感受胸腔的感觉。她说头脑中蹦出来一句话“大气都不敢出”，说这就是她多年来的状态，原来这些年的呼吸都是一种压抑的状态，尤其是呼气的时候，总要小心翼翼地缓缓吐气，悄悄地压制着胸腔，慢慢一小口一小口地呼出那口气，似乎害怕惊动周围的人。

我问她，你在害怕什么？

她突然间大哭了起来。哭了一阵子，她的情绪得到了一些释放，开始诉说，说她时常处于紧张和戒备的状态，因为害怕自己被批评，害怕自己做了什么不该做的事情被责骂，害怕做的什么事情不够好被人指指点点，害怕被人看到自己的脆弱和不足，害怕妈妈的吼叫，害怕爸爸的巴掌……

她害怕好多事情，所以活得小心翼翼，连呼吸都充满着压抑！不管是工作还是生活，她时常处于惊恐状态，脾胃虚弱，时常胃疼肚子疼，身形干瘦，才不到30岁，已经开始有好多躯体疾病。

为了缓解S的情绪问题，我带领她从呼吸以及身体的感受入手，寻找过往的创伤事件，释放情绪，表达愤怒和委屈，并刻意地做呼吸练习，坚持每日训练，慢慢地她可以大胆地呼气了。她说，发现那种大口地畅快呼气的感觉很爽，有种“我就是要痛快表达，顺畅地出气”的感觉。慢慢她的力量感也出来了，不再那么小心翼翼，也不再怕这个怕那个，呼吸也更自由顺畅，整个人变得越来越放松。

【案例故事】

经常“慌得一批”的年轻人

来访者P则描述他的呼吸是急促的，最近经常心慌，心脏有憋闷感，有时候觉得一个呼吸都无法满足自己，大脑缺氧，需要紧着呼吸，一活动就有那种上气不接下气的感觉。我问他的心率有多少，他说平时达到85次每分钟，有时候着急紧张甚至会达到90多次，经常心慌、头晕。

心慌这个词很有意思哈，形象生动地描述了人们的一种身心状态，身体层面心脏跳动得有些慌乱，不是那种平稳有力的状态；心理层面则是焦虑不安、慌张，火急火燎地想要达成一些事情，用时下流行的词汇就是“慌得一批”。

P的心理状态里虽然也有恐惧在，但整体属于焦虑、恐慌偏多的类型。我请他闭上眼睛，觉察呼吸以及自己的内心，看看自己的心在慌张什么。

他说，他慌的事情很多啊，总觉得有做不完的事情，就像身后有个小鞭子在抽着一般，不努力，不做更多事情就会挨批评，就会遭受白眼和叱责，会觉得自己不够好没价值，害怕掉队。学习不够好就做不成好孩子，慌。工作做不好就不是好员工，慌。家里面老婆生气了，也是“慌得一批”，感觉自己是个失败的男人……

心慌，也就是心无法安其位，就会指挥身体忙忙叨叨地做事情，呼吸就是首当其冲的被指挥者。心理上则是焦躁不安，做事情容易着急，情绪化，爱发脾气，找碴儿挑刺等。

对P的心理疏导，除了从呼吸入手进行练习之外，我们还重点讨论了一些让他焦虑心慌的不合理信念，对早期经历中的一些经验感受重新检视，把身后那个无形的“小鞭子”慢慢驱离身旁，回到自我需求里，回到自我状态里，让心稳下来，静下来。心稳了下来，心脏可以放松地供血了，头也没那么晕了，头脑清醒，也有助于分辨一些影响自己的信念……

“慌得一批”之所以成为当下的流行词，恰是因为它反映了当前社会人们普遍焦虑、恐慌的心理状态，许多朋友拿来自嘲戏谑的时候，也投射出了内心的压力。

这个快节奏的时代，让许多身处其中的人很难不焦虑，既然压力无处不在，焦虑随时追身陪伴，不妨通过呼吸给焦虑的身心做个 SPA 吧。

太极站桩、瑜伽呼吸、正念冥想、静坐、禅修等都是现代社会闹中取静的很好方式。大家可以选择适合的方式，给自己的身心驱驱躁，按按摩，让呼吸慢下来，稳下来，让大多数呼吸充分而有效，让氧气充满身体的每一个细胞。

【自我探索】

1. 觉察自己的呼吸，感受一呼一吸这个过程，是怎样的感觉？轻松的、沉稳的还是急躁的、憋闷的？是否能觉察呼吸中间的停顿？

2. 找一个可以测心率的手表或者仪器，看看自己的心率状态。

3. 觉察自己的呼吸，随时随地，在不同的情况下是什么状态？伴随不同的状况会有怎样的内在声音冒出来？

【觉察工具】

记录句式：

1. 我经常________，这个过程里，我的感受是________。

2. 我习惯于________，这样让我感觉________。

3. 我总是________。

【示例】

1. 我喜欢隔几分钟就叹口气，似乎这样自己就舒服一些。

2. 我经常感觉憋闷，呼吸的氧气不够似的。尤其是工作压力大、心情不好的时候。

3. 我有过敏性鼻炎，一到春秋季节就打喷嚏流鼻涕，别提多难受了，好想有人可以拯救我。

我关注自己的睡眠

地球上的大部分生物受到“白天—黑夜”这一自然节律的影响，白天呈现活跃的生命状态，晚上则进入休眠整合状态，即便是在出现极昼极夜的地方，也会根据身体内部的节律时钟，该活跃的时候活跃，该休息的时候休息。

人类也是这样，白天工作、学习、娱乐、锻炼、社交，晚上困了，回家睡个美美的觉，第二天起来又是生龙活虎的样子。可是如果忙了一天之后，没有好好睡觉，第二天就会感觉身体沉重迟滞、头脑不清醒。有些人会情绪暴躁易怒，一点就着。也有些人情绪低落、疲惫消极，什么事情都不想管不想问，同时也会呈现记忆力、判断力、决策力下降等状态。

对于人们来说，睡眠是非常重要的。在睡眠的过程中，身体在进行极为重要的自我修复，是人们蓄积能量的重要过程。新华社曾报道过《科学》杂志的一个研究，波士顿大学利用磁共振成像等技术观测志愿者睡眠时的脑部活动，公布了有史以来第一张人睡着后大脑自我清洗过程图，并把有关结果发布在了《科学》杂志上。研究表明，血液会在人们睡着后有节律地流出大脑，随后，脑脊液会流入大脑，以一定的节奏脉动波清洗大脑。脑脊液在人们清醒时动作缓慢轻微，在人睡着的时候则快速敏捷剧烈，快速冲刷大脑的样子，像极了涨潮退潮。研究也表明，缺乏睡眠往往会影响脑脊液对脑部的清洗，导致大脑的 β－淀粉样蛋白堆积，这种蛋白正好和老年痴呆症有关。

睡眠时间、睡眠质量直接影响身体健康。一般来讲，人们需要 8 个小时左右的睡眠，才能让身体得到足够良好的休整。婴幼儿普遍需要更长的睡眠时间，大部分需要 16 个小时左右。而老年人的睡眠时间则不断减少，不少老年人睡 6 个小时就觉得足够了。

很多睡眠问题，比如失眠、早醒、噩梦，都会影响醒来之后的身体感受。长期睡眠不足，睡眠质量不佳，会严重影响人们的身体健康。

导致睡眠出现问题的原因主要有生活习惯、睡眠环境、身心状态等，而身体和心理状态则是影响睡眠的关键因素。被病痛折磨的病人，睡眠状态一般不会太好，而有心理困扰的人则更容易出现失眠、晚睡早醒、噩梦等现象。

失眠和晚睡早醒一般与焦虑、自责、愧疚等负面情绪的堆积有关，也就是说，如果我们的心无法安静下来，它就会一直醒着、耗着。噩梦，则一般和紧张焦虑、恐惧恐慌、害怕被责难有关。

睡梦中的情绪以及睡前的情绪状态是大家睡眠问题的信号，我们可以多观察多觉察。当然，如果觉得有必要，也可以通过解梦来了解自己的心理困扰。

事实上，若无烦事扰心田，只要规律作息、适当运动、身体机能运行平稳，“一觉醒来是天亮”是很自然的事情，不会出现睡眠问题的。

【案例故事】

工作压力大，焦虑惶恐导致的失眠

T 的公司运转三年了，这三年的时间里，他经常熬夜加班，晚睡失眠。公司运营的各种问题，经常让他焦虑难安。

担心决策失误，影响公司发展，在许多事情上，他思前想后、犹豫踌躇。担心销售不力，产品卖不出去，要亲自抓销售；担心招的人不得力，要亲自招聘；产品研发、生产的各项环节更是全程监管。创业之初，他事事小心，如履薄冰。因此，他时常处于焦虑和惶恐的状态。

他说，有时候到晚上了，本来身体已经疲惫得不行了，感觉倒头就可以睡着，但是一躺下，却怎么也睡不着，满脑子都是事情。经常需要靠安眠药来强制自己睡觉，不吃不行啊，靠安眠药能睡着，第二天虽然头晕但还有精力应付各种事情。如果一夜不睡，第二天整个人都会处于疲惫崩溃的状态，尤其是连续睡不好的情况下，感觉自己要疯了一般。安眠药成了他这几年创业路上的常备药。

他知道自己很焦虑，劝自己坚持一下，公司运转顺畅了就好了。但是三年过去了，似乎无法改变这样的状态。公司不同发展阶段，挑战和任务也不同。长期超负荷运转，身体和心理都出现了不同程度的问题。公司员工普遍觉得他脾气大，待人苛刻爱批评人，造成公司人员流动特别大。他和爱人的关系也矛盾重重，身体也出现了不少疾病症状。

T 的失眠和他的工作压力大有关，和他的性格也有关。而经常性失眠，身体沉重，缺乏力量和支撑，会加剧他的工作压力，影响情绪行为状态，形成恶性循环。

身心一体，领导我们身体的君主是“心”，如果自我这个小宇宙的主宰，也就是我们的“心”处于焦虑、惶恐不安的状态，它一定会找事儿，身体无法“安定”，也就只能跟着“心”的躁动而慌乱。治疗失眠，从心理入手更有效，什么时候“心安”了，身体才能更好地“安定”并进入睡眠状态。

创业的压力尽管大，但也并非无解。初期，T 很难相信他人，于是在工作中经常把过多的事情和责任背负在自己身上。后来，T 逐渐意识到这个问题，开始适当放权，不再事必躬亲，用制度、用文化管理之后，他说自己“终于有了可以到水面透口气的感觉”，对于公司的信心、对自己管理能力的相信也多了起来。

压力大、日常焦虑导致的失眠，不仅出现在创业者的身上，也会在很多管理者、普通员工身上出现，失眠渐渐成为普遍现象。

让人们失眠的是焦虑和无法“心安”，所以，找到“心安”的办法和路径才是关键。

【案例故事】

习惯性晚睡的心理因素

G 是习惯性晚睡的那一类，每天晚上睡觉都拖延到很晚。大多时候也没有什么重要事情，就是房间里磨磨蹭蹭，玩玩手机，经常是困得不行了还要强撑着刷新闻、刷小视频，虽然知道翻来覆去就那些内容，但就是放不下手机，有时候甚至会抱着手机睡着。

我们一起探索她睡觉拖延的原因，找出来了以下几个方面：

1. 白天忙工作，好不容易从忙碌和纷乱中停下来，很想有一些自己的时间和空间。所以，收拾房间也好，做面膜、刷手机也好，似乎这个过程就是属于自己的时间。她有种感觉，一旦睡着，起来后就又要开始忙碌烦躁的一天，所以不想那么早睡觉。

2. 白天没有什么收获，感觉一天虚度了，很想做些有结果的事情，但是没有状态，坐不下来，拖拖拉拉时间就没有了，熬夜补工作。

有时候，G 会有一种微妙的感觉，不敢睡觉、没资格睡觉。她甚至会想起来小时候，没有写完作业的时候内心惴惴不安，不敢甚至觉得没有资格去睡觉，心里惶恐，于是写作业也无法专心，特别磨叽，经常被家长批评。现在如果一天没有做些有意义的事情，也会有一种没有资格去睡觉的感觉，似乎不睡觉也是对自己的惩罚。

【案例故事】

惊恐发作与死亡恐惧

H睡觉的时候必须开着灯，因为害怕黑暗。前两个月一个远方表亲因病去世后，他去送行，回来后就更加害怕了，害怕有鬼来找自己，入睡困难，还经常半夜惊醒，有时候噩梦惊醒浑身颤抖。他担心自己也得了什么病，去医院做检查，结果也没有什么问题，只是还是不放心，一个多月的时间，去做了两次体检。

后来他告诉我，远房表亲和他年龄差距不大，因病去世，让他对死亡产生了很强烈的恐惧。一个好端端的人，检查出来癌症没几个月就走了，留下老婆孩子和年迈的父母，还有关系复杂的公司业务。

近些年，不停地有亲戚、朋友相继去世，有些年岁大些，有些还算年轻，这让他感觉死亡这件事离自己越来越近。他无法想象要是自己遇上这样的事情该怎么办，一想就吓出一身冷汗。一个多月后，就出现了一系列身体疾病症状。

有时候，我们对于死亡有很强烈的恐惧感，这些恐惧受到社会文化的影响，也受到个体心理状态的影响。比如印度文化里，认为死亡是一个新的开始，所以很多人并不惧怕死亡。包括我国少数民族的一些民众，对生死有些超然的理解，就不再觉得是件恐怖的事情了。

个体心理层面，如果我们对于生死的思考过于绝对，内在对于自己的存在意义不甚清晰，在生活中有很多的未了心愿或遗憾，死亡就意味着是剥夺存在的权利，剥夺实现愿望的机会，走向一种未知的恐惧的黑暗，自然是害怕的。

这些朋友，不妨有意识地去阅读一些关于生死的哲学类书籍，去面对寻找自我存在的意义和价值，去了却心中埋藏的心愿，了却遗憾。之后，你可能会有不一样的心境。

【自我探索】

1. 观察你的睡眠状态，如果想要自己第二天醒来状态饱满轻松，你需要睡多少时间，在哪个时间段睡觉会更利于达成？最好有意识地观察一段时间做个对比。

2. 你是否有失眠、做噩梦、早醒的情况？持续多久了？带给你的影响是什么？你认为可能的原因是什么？

3. 你会拖延性晚睡吗？是因为什么呢？带来了什么样的影响？

【觉察工具】

记录句式：

1. 我经常________，我身体的感受是________。

2. 我习惯于________，这样让我感觉________。

3. 我总是________，我的________可以得到满足。

4. 我喜欢________，是因为________。

【示例】

1. 我睡觉不能有灯光，不能有声音，必须安安静静地才能睡着。

2. 我特别容易做噩梦，经常梦里要么是考试，要么是被老师批评，要么就是被什么怪物追打。

第三部分

开启全新的自我

不假思索的人生，多数时候容易活在别人的期待里。而要想过上属于自己的、更加轻松自在、更贴近自我需要的生活，认识自我是个必经之路。

如果你已经认真地读完前面两个部分的内容，并进行了自我实践和练习，相信你对自己的思维世界以及自我与身体的关系有了更多的认识，知道了那些阻碍自己的信念、习惯，拨开了那些萦绕心头的迷雾，也理解了身体发来的信号……

这个过程中，每一次觉察，每一次发现，每一次练习，已经在悄悄地影响着我们。或许你已经开始了蜕变之旅，正在构建新的思维方式和生活习惯。又或许你在关爱身体的时候已经尝到了甜头，收获更加舒适、健康的身体状态。

无论你处于什么样的状态，从今天开始，我们将更加注重从身体和心理的多个角度开启自我关爱的旅程。从吃、喝、拉、撒、睡、看、听、说、问、想等多个维度开始构建全新的自我，学会善待自己的情绪，学会客观地看待自己，发现身边的美好，重建对自我有益的习惯，开始接管属于自己的人生。

我开始关爱身体

关爱身体，首先要停止对身体有意无意地伤害，千万别再“霍霍”自己的身体。从吃、喝、拉、撒、睡、呼吸几个角度，开始感受身体，关照身体。结合自我整理和觉察到的内容，及时止损，及时改善。

好好吃饭，适量、适度、均衡很重要。别让自己太撑着，也别让自己饿着，时常觉察胃先生的工作状态，别虐待他。已经吃饱了，就不要为了不浪费粮食吃过多的饭菜，给身体器官增加负担了。已经痛经了，身体出湿疹了，鼻子过敏了，就不要吃太寒凉的冰淇淋，加重体内的湿气了。

同时，也要注意营养均衡，注重满足身体的需要。别为了减肥只吃蔬菜和水果，长期不吃主食、肉类和蛋白质，会让身体营养失衡，出现一些身体疾病，代价惨重。垃圾食品别多吃，油腻重辣食物别多吃，生冷寒凉食物别多吃，善待自己的身体，让器官们轻松愉快地工作。

如果觉察到内心有负面情绪，有心结，及时寻找解决之道，别用暴饮暴食的方式来掩盖情绪困扰，别让身体替我们承受情绪之苦。

构建健康的身体水环境。身体里的体液、血液等，如同地球的水环境一般，需要做好环境保护，不要滥排滥放工业污染，要保护好循环系统，让不同形态的“水”健康顺畅地流动。

过量饮水，如同给一块田地过度灌溉，可能会把田地淹没了，反而什么也长不出来。家里摆放的盆栽如果浇水过于频繁，植物长时间被水浸没，不透气无法呼吸，根部也会烂掉。一个人如果过量饮水，身体器官高负荷地运转还无法把多余的水分代谢出去的话，那么就会导致水中毒。

另外，酒精、碳酸饮料，就像现实生活中的工业废水一般，过量饮入，就如同往河流里直接排放污染水源，侵害周边环境一样，也会给身体环境造成不可估量的破坏。我们可以观察一下身边爱喝酒的人，尤其是那些有酒糟鼻的人，那红红的、肿胀的鼻子，就是常年被酒精浸泡的结果。再看看他们的脸色、身体状态，多数是有些虚肿、沉重迟滞的，有些常年过度饮酒的人甚至出现了难以治愈的身体疾病。

关注自己的排泄状态。每天的排泄是否规律，颜色、气味也会透露出相应的健康信号。如果觉察到自己在排泄过程中，捆绑了太多的情绪和心理因素，最好及时寻找专业人员疏导清理，避免长期陷入这样的状态里。

最近，我和几个朋友讨论身体发来的信号，发现身边有不少30多岁的人，整天被排泄状态困扰。不是大便不成形，就是便秘，每次上厕所都成了一件痛苦的事情。身体里寒湿凝聚，或者干燥上火，都会影响排泄状态。就像自然环境中，干旱和水涝，都会破坏生态平衡，带来后患。

如果你吃了辣火锅之后拉肚子，就知道又破坏肠胃了，赶紧喝粥用清淡饮食养养。我有个朋友，说每次跑完步，排泄会顺畅好多。所以他开玩笑说，一直坚持跑步的动力之一就是为了让自己的身体爽一些。当我们慢慢理解了身体发来的各种信号，就更容易了解自己的身体状况，少一些对身体的伤害行为。

睡眠当然也很重要了，大脑和身体如果得不到休息，不仅影响第二天的工作、生活，更会影响身体健康。

大家可以试着养成一些维护睡眠的习惯：

1. 不把手机带到卧室。除非紧急的工作需要，睡觉时候尽量静音。

2. 晚上9点以后不吃食物、不喝酒，让身体保持一个放松安静的状态。

3. 晚上9点以后避免剧烈运动，适当做一些放松身心的呼吸冥想、瑜伽拉伸。

4. 保持卧室通风良好、干净整洁，和睡觉无关的物品尽量不要带进卧室。

5. 睡前不看刺激神经的影视作品，比如恐怖片、科幻片等，这可能会影响你入睡，或是产生紧张的梦境，进而影响睡眠质量。

再说说呼吸。呼吸可以调节心肺功能，能够直接影响身体的君主之官及相傅之官，对健康的重要性非常明显。觉察自己的呼吸，是短而浅的还是悠远深长的？呼吸之中蕴藏的情绪有什么？怎么才能让自己顺畅地、开心自由地呼吸？你的走路、站立、坐卧的姿势对呼吸有怎样的影响？觉察到了，就及时改善、纠正，帮助自己解锁捆绑的情绪状态。

我自己有个觉察，有时候写稿子久了，腰部怠工就会窝在椅子里，后背拱着，脖子向前靠向电脑，等到觉察自己呼吸有些憋闷的时候，才发现陷入了这样的坐姿。这样的身体姿势本身就是阻碍呼吸的，于是赶紧调整姿势，让腰部、胸腔、脖子和脑袋直起来，让呼吸过程顺畅起来。这就是在帮助自己呼吸得更轻松一些，身体也自然会舒适一些。

还有些朋友看手机的时候，喜欢坐在椅子上或者沙发上，身体躬着，蜷曲似大虾一般，胸腔被压迫着，呼吸自然不会顺畅，尤其是这样的姿势一待就个把小时。当然，还有不少朋友走路、睡觉，也有些不良习惯是会压迫呼吸的，这些都需要及时觉察并调整。

停止伤害身体的行为和习惯，是关爱身体的第一步。让自己有意识地倾听身体发来的信号，呵护身体的需要。保证自己摄入的营养适量而均衡，排泄顺畅痛快，睡眠香甜饱满，呼吸深沉悠长，让身体轻松、顺畅地运转，构建一个山清水秀、健康和谐的身体内环境。

关爱身体，第二个层次是从心理上停止对身体的攻击，接纳真实的自己。

很多朋友对自己的身体有许多的不满，评判、批评甚至嫌弃。嫌弃自己的胸部小，不够性感；嫌弃自己的皮肤太松弛，不够紧致；嫌弃自己的头发不够浓密，天天念叨着掉头发……总能找到对身体某些部分的嫌弃、厌倦。

如果没有足够的内在自信和稳定的自我悦纳，就容易觉得自己不够好，挑剔自己的身体。而所有对身体的不满、评判和嫌弃，都会指向对自我的不满、评判和嫌弃，会让自我的内在遭受攻击。从心理学的角度来说，就是让我们的自恋受挫，自尊受损，让自我的价值感降低。而被削弱个体存在感和存在价值的人，又容易变得退缩、胆小、封闭等。这些心理上的阴影，又会给身体带来沉重和淤堵，形成恶性循环。

相反，我们也可以看到，那些自信乐观、肯定自我能力和价值的人，往往自带魅力，在别人眼里是闪光而充满活力的。即便五官不是大众审美中的漂亮，也会让周围的人觉得他们是美丽帅气、自带光芒的。

自信才更美丽，喜欢自己才更健康。

人们对自己身体的认识，不仅和接纳自我的程度以及周围的评价有关，还同社会、文化的影响分不开。每个时代都有一些潮流文化，引领大家争相模仿。当前，资本驱动的商业时代，哪里有利益，哪里就有大肆的、夸张的宣传和表达。这在较大程度上引领着审美潮流，男权文化喜欢“白瘦幼”，女性消费者则喜欢“小鲜肉”。为了催生更多符合付费群体“审美”的“产品”，影视剧、文化产品、广告内容就会偏向这些审美进行宣传、催眠。

做医疗美容的机构企业，为了赚钱，一定会不遗余力地宣传医疗整形可以“变美”，而只要你“变美”，就可以轻松获得想要的机会、金钱、特殊待遇等。很多人信了，就去花钱整容，结果留下严重的健康隐患。

在纷繁嘈杂的环境里，大家更需要找到内心的自己，不要被过多的宣传和舆论催眠、绑架，不要为了讨好外界评价，让自己的身体和心理承受过多的磨砺。小眼睛有小眼睛的魅力，单眼皮也有单眼皮的可爱，不管是丰满还是苗条都可以展现出迷人的女性风采……决定一个人魅力的，除了身体本身，还有身体承载的那个独特而有趣的灵魂。

关爱自己的身体，就要接纳自己的身体，喜欢真实的自己，活出自我独有的风采。

关爱身体，还需要看到身体这些年为我们作出的贡献。

在身体的陪伴下，我们求学、运动、工作、旅行、恋爱，体验人世间的美好与酸甜。

许多时候，我们需要感谢身体的付出，感谢它不辞辛苦地承载，感谢它不离不弃地陪伴。

还需要对身体说声对不起。许多时候，我们太过专注于人、事、物，我们痴缠于自己的情绪，忽略和忘记了身体的感受，给它带去了过载的负担和压力。

身体最需要的，还是对它说“我爱你”，不管高矮胖瘦，不管年轻还是年老，不管健康还是疾病，不管它是怎样的，“我都爱你”。

当我们时常对自己的身体说“对不起”“谢谢你”“我爱你”的时候，我们和身体的连接就会更加一体。我们也会时常顾及身体的感受，累了及时休息，不再过度刷手机；不舒服了及时调整治疗，不再拖到大病一场……

一段时间以后，身体也会和我们更加亲近，并回报我们健康、生机勃勃的生命状态。

不想让自己快速变老变丑，就开始用心关爱身体，呵护自己最亲密的朋友吧。

【自我关爱之旅】

1. 请记录一天的时间内，从哪些方面关注了自己的身体，并从行动层面呵护了身体的感受。

2. 你还做了什么关爱身体的事情，请列举出来。

3. 当你对自己的身体说，“对不起”“谢谢你”“我爱你”的时候，觉察身体的反应。

【示例】

1. 今天出门拿了一件薄外套，地铁上的凉气太足，经常觉得脖子发凉，这次要用衣服保护下脖子。

2. 今天吃到7分饱的时候，就停下来了，要让我的胃先生轻松工作。

3. 下午有一阵子觉得坐得难受，就起来到空场地做了一些伸展动作，放松身体。

4. 今天我仔细观察了自己的身体，觉得其实还是很匀称、很健康的，谢谢老爹老妈，谢谢自己的身体，让我可以健康到今天。

我开始释放情绪

每个人在成长的过程中，很难一帆风顺，不可避免地会经受一些矛盾冲突、困难或者不公平。那些被忽略、被冷落的场景，被批评、被否定的过往，被指责、被羞辱的场面以及受伤、生病、意外灾害的画面……都有可能成为心理的创伤，给日后的生活带来压力和困扰。

可能是贪玩儿被锁在了门外，可能是不归家被打骂，可能是父母忙碌被送往亲戚家寄养，可能是父母、亲人更偏爱弟弟或妹妹被不公平对待，可能是家里唯一的男孩被寄予厚望，可能是成绩不好被嘲讽，可能是喜欢一个异性却被羞辱，可能是在学校被霸凌，可能是受伤生病没有人关心……

那些未被满足的需求，那些未被看见的愿望，那些未被接纳的错误，那些未被肯定的成绩，那些未被理解的情绪，那些未被支持的行动，那些未被夸赞的成果，那些未被包容的瑕疵，都有可能在心里留下一些或大或小的伤，积存在记忆的仓库里，储存在身体里。

严重的心理创伤，有些会形成过于夸张的自我保护方式，使人变得疑神疑鬼，情绪易怒易激动；有些会化脓溃烂腐蚀心性，使人变得自私乖张；有些则变成身体的疾病掩藏在病痛里，折磨人们的身体；等等。只是，这些都发生在心理和情绪层面，一般不容易被看见、被识破，直到形成严重的心理问题或者躯体疾病，对工作、生活、社交产生了巨大影响之后，才可能被发现。

这些积存的情绪，需要有意识地寻找途径进行释放。如果内心的伤比较深、比较重，自己在做情绪释放的时候，感到难以控制，建议去找专业的心理咨询师或者心理治疗师，在专业人员的支持引领下做稳定的咨询治疗。

情绪有一个很奇妙的现象，通常当它被我们发现的时候，威力就会减弱很多。也就是说，我们的情绪有很大一部分是因为渴望被看见而没有被看见所触发的。所以，觉察是做情绪管理和情绪释放的第一步。

在生活中，我们可以多问问自己，当下的心情是什么？情绪感受是什么？是什么原因导致的呢？大多数时候，我们一旦可以看到情绪背后的期待、需求等信息，基本上就有了满足自己需求的思路或者管理这个情绪的策略。

比如亲密关系中，你正在忙着做饭，而对方乐呵呵地刷手机。你心里很生气，然后发现生气的是对方不知道体贴，不帮忙做饭，而是想着自己玩儿。这时候，需求就很明显了，你就是想让对方来帮忙做饭。梳理完，事情就简单了，情绪平和地请求帮忙就可以。通常情况下，态度平和地邀请对方，是不会被拒绝的。而如果我们沉浸在自己的怒火里，想着他的不体贴，认为他懒惰、不爱自己，可能越想越生气，然后忍不住找碴儿和他大吵一架。这样一来，他反而感觉莫名其妙，觉得你不可理喻，动不动就挑剔发脾气不讲理。于是，两个人的战争就爆发了。

所以，如果日常生活中，被一些新闻、事件触动情绪，或者在经历矛盾冲突时有情绪上涌，当你觉察到这些情绪时，可以让情绪自然地流动出来。不管是委屈、伤心、难过，还是挫败、迷茫、失望，等等，用自己认为适合的方式表达出来就可以。这个过程，要有意识地为自己的情绪负责，而不是过分外归因，不能凡事归咎于别人，让别人为自己的情绪负责。

如果想要处理过往积压的情绪，可以寻找刺激物开启触动情绪的开关。比如，给有关联的人写信，告诉他们曾经的过往带给你的是什么，你内心的感受是什么，你有什么想对他们说的话。可以自由书写，也可以找个安静、安全的环境，不被打扰地写。

这个过程里，你可能会伤心难过，想停下来就停下来，想哭就哭出来，有情绪就表达出来。你需要知道，这个过程，是我们与想象中的对方对话、沟通的过程，可以尽情地释放自我压抑的情绪，而不会伤害到对方的感受。你可能会边写边哭，没关系，只要你觉得还可控，就持续下去，直到你觉得你想对他们说的话，都说出来了，身体和心里都变得轻松了，就可以停下来。

写出来的内容，你可以评估一下。如果对方能够承受这些诉说可能带来的压力，可以发给他们看；如果你觉得对方难以承受，就自己保留起来，当作一个情绪处理的过程。如果是写给已经过世的人，你也可以打印出来烧掉。

这个过程中，如果情绪激烈，可以哭、可以骂、可以对着空气踢打，但要注意有一个度的把控，避免伤到自己。当然，你可以准备一个抱枕或者玩偶，当作发泄对象，跟它倾诉，跟它抱怨，跟它发脾气，等等。

同时，在释放情绪的过程中，觉察身体的感受和反应，如果过程中感到呼吸受阻，或有较明显的身体不适，要及时停止。

在没有专业人员陪伴支持的时候，做情绪释放，要注意有个原则，就是“不伤害自己也不伤害他人”。

当你的大部分情绪释放得差不多了，生活状态相对平和很多的时候，可以考虑其他的一些健心计划。比如瑜伽练习，呼吸冥想，静坐、站桩，太极功法、八段锦等，这些对我们训练自我的觉察能力，看见情绪、化解情绪困扰也有很大的帮助。

【自我关爱之旅】

1. 如果你和某某之间有心结，试着给对方写信，告诉对方你的所思、所想。并在这个过程中，尝试释放积压的情绪。

2. 感受释放情绪的过程，以及释放之后的心理感受、身体感受，会有怎样的发现？

【示例】

1. 今天给前男友写了一封信，哭得稀里哗啦。写完哭完，竟然觉得心里敞亮了很多，也不那么怨他恨他了。也许，当年他也有苦衷吧。

2. 跟逝去的奶奶聊天，发现自己还是那么爱她，好怀念当年的温暖。谢谢她的照顾，祝福她在天堂里开心快乐。到后来，发现内心轻松了好多，知道奶奶希望自己过得好，内心更有力量感了，感觉有奶奶的关注，面对生活压力的勇气也增加了很多。

我开始客观地看待自己

不少朋友过于看低自己，忽略自己的优点、价值、能力，明明有7分能力非说自己只有3分；明明长得眉清目秀，却觉得自己不符合审美潮流，总说自己长得丑；明明可以胜任的工作，还没有开始就先怀疑自己不行……他们总是用许许多多的标准苛求自己、打压自己，觉得自己这里也不行，那里也不行；用许许多多的规则限制自己，想事情、做决策把自己局限在很小的范围里；用一个缺点、一次错误否定自己的能力；用自卑的阴影笼罩自己，经常感觉压抑、低落、挫败、失败……

也有不少朋友给人的印象是骄傲自大，任何事情都要极力证明自己比别人强，抢着表现，抢着邀功，抢着刷存在感；用自己一定要“高人一等，不能落后于人”的目标来鞭策自己，拼命努力但是焦虑且惶恐，似乎永远都在跟身边人攀比，永远害怕自己落后于人。他们把周围的人当作假想敌，一直处于竞争状态，如果小群体里有人比自己表现出色，他们还会嫉妒别人，甚至攻击别人、否定别人。因此，他们也经常感觉焦虑、恐慌、自责、愧疚……

当然，也有不少朋友处在这两种状态之中，时而自卑压抑，时而自大骄傲……在迷茫和困顿中来回颠簸。

很多时候，我们很难客观地看待自己，也很难相对清晰地认识自己。我们往往容易把局部特点当作自己的全部去全面肯定，把一次失误当作能力不足而全面否定。比如，学历不是很高，就觉得自己能力不行，自卑且怀疑自我；做饭做煳一次，就认为自己不会做饭，笨手笨脚。

在认识自我这件事上，因为“只缘身在此山中”，盲人摸象、管窥蠡测之类的现象时有发生。

人们认识自我的过程，是和这个世界互动的过程，也是适应这个社会、文化、规则，获得生存和发展的过程，是个复杂的、渐进的历程。认识自我，是人们一生都在持续进行的事情。

具体来讲，我是谁？我是个什么样的人？我有怎样的特质、特点？我和这个社会的关系是怎样的？……这一系列构成自我认识的内容，受社会环境、文化的影响，也受我们的养育者（不仅是父母，还包括参与抚养照顾的亲人或者保姆）的性格、教育态度的影响，当然也会受到老师以及身边的朋友们的影响。

可能一次重大事件，一个关键人物，一场社会文化变革等都会影响人们的自我认识。比如，汶川大地震中失去肢体的人们对自我的认识会发生改变；比如，新型冠状病毒大流行，那些不小心染上病毒，传染给身边人的人们对自我的评价也会受到影响。

社会文化、制度、安全状态也会影响人们的自我意识和自我边界。比如，印度女性、中国女性、欧美女性，不同地域的女性在认识自我这件事情上，差异非常显著。

所有关于地域、文化、道德评价、养育者态度、自我认知等因素糅合起来，会形成人们对于自我的认识，并成为相对稳定的内在模式，影响与周围的互动。有些人用自卑填满自己，有些人用自大武装自己，有些人游荡在自卑和自大之间，整体来讲，大部分人很难客观地看待自己。

这使我想起有一次和一个朋友就“自卑”展开的讨论。事情是这样的，我在朋友圈转发了一篇文章，同时配了一段评论，里面有提到关于自卑的个人看法。有朋友就留言说：“这个世界上有不自卑的人吗？你不自卑？”我回复他：“我有局限，但我不自卑。”

是啊，在地球上，人类的力量有限，在熊、虎、狮等大型动物面前有被撕咬致死的危险；人类的体型有限，与山川河流相比，可谓十分渺小；人类的奔跑速度有限，甚至还跑不过自己的宠物猫；人类的嗅觉有限，不如狗的鼻子灵敏；等等。

如果我们渴望自己是个无所不能的人，要比老虎的力量强，比猎豹的速度快，比山高，比海阔……和其他物种的优势相比，和自然的鬼斧神工相比，那人类的劣势实在是太多了。这样想的话，人类确实无能而糟糕，渺小且可怜，确实该自卑压抑，确实有足够的理由沉溺在自怨自艾的情绪泥潭里，不要出来。

可真正的现实是什么呢？

人类可以用头脑、用工具去制服老虎，甚至可以驯养老虎。山势险峻，借助缆车，依然可以快速登顶，一览众山小。现在的人类可以到达外太空，去别的星球探测，可以下潜万米深海遨游，可以乘坐时速 350 多千米的高铁穿梭于遥远的城市之间……

人类有自己的局限，但面对山川河流、自然万物，不必自卑。

人类有自己的局限，但面对浩瀚宇宙，依然充满好奇和探索的力量。

再回到个体来看，也许我们长得不是最漂亮的，但我们个性乐观、品行温和。也许我们收入不高，但我们的生活整洁有序、健康顺利。也许我们学历不是非常优秀，但我们善于学习、执行力强，很多成功人士学历也不高啊，不也功成名就，健康幸福嘛。也许我们的家庭并不富裕，但我们的父母真心地爱着我们，穷尽他们的所有来养育我们……

每个人都有自己的不足和局限，但我们不需要用自卑来压低自我的价值和能力，也不需要用自大和嫉妒来掩盖内心的脆弱，看到真实的自我，接纳、喜欢自己，才能抛开自卑和自大的困扰，才能更稳定地站立。

无论过去受何种影响，无论过去如何看待自己，从今天开始，试着客观地看待自己，看到自己的优势也看到自己的局限，看到自己的努力，接纳自己的独特。

无论从哪个角度来看，你都是这个世界上独一无二的存在，你值得活出独特的状态。你拥有独特的基因，独特的相貌，独特的指纹，独特的个性，独特的、不可复制的人生经历。

要活出独特的自我，就需要超越普遍价值体系中的评判标准，超越内在深埋的自卑，接纳自己，放弃对完美的固执追求，放弃认知中的不合理思维，放弃对自我的苛责，放弃对他人过多的讨好迎合。

不高看自己，也不低看自己，看到那个真实的自我，不卑不亢，不骄不纵。

【自我关爱之旅】

1. 描述你眼中的自己，从身体到心理。哪些是被自己过低看待的，哪些是被自己过高评价的？

2. 你喜欢自己个性中的什么特质？为什么？这些特质为你带来了怎样的影响？

【示例】

1. 我觉得自己的内向也是个很好的优点。因为内向，我可以有更多的时间关注自己，关注自己细微的情绪和精神世界。所以，我喜欢看书，喜欢研究自己的工作。我想，自己今天在工作中的成绩也是和自己的个性有关。

2. 我喜欢自己的鼻子，虽然我爸妈觉得我的塌鼻子不好看，但它和我的其他五官凑在一起就很协调啊。也许整容之后弄个高鼻梁会使得脸部更立体，但会不会带来后续健康隐患很难说，谁知道鼻子里塞的东西几年后会怎样呢。我还是更喜欢自己原装的鼻子，因为那才是属于我的真实。

3. 我有时候容易嫉妒别人的好，现在发现是因为害怕自己不够好。想想，也没有什么好嫉妒的。虽然我的家庭并不富裕，但是爸妈很爱我，一直陪伴我，一家人在一起就是最开心的事情。

我开始重建新的习惯

路径依赖理论告诉我们，最初的马屁股宽度，直接影响了现代铁路、高铁的轨道宽度。对于自然界来讲，一旦种下一颗种子，这颗种子就会生根发芽、开花结果，成为独特的存在。最初种下的是什么种子，直接影响并决定了最终的结果。

春天的时候，我买了一把富贵竹，放在了朝向阳光的窗户边，时不时地浇浇水。最近，我突然发现，几个月的时间它长高了一尺左右，郁郁葱葱，很有生机，这就是竹子的存在状态。当然，如果我当时买的是一捧玫瑰花，那么欣赏到的就是玫瑰花的美丽妖娆，就无法欣赏到竹子的挺拔俊秀了。

习惯于我们也一样，播种不同的习惯，就会收获不同的生活状态。

我们习惯于吃得过饱，可能导致脾胃失和，出现身体肥胖或者胃肠疾病。

我们习惯于借酒浇愁，可能导致愁更愁，甚至出现肝部、肾部病变等躯体问题。

我们习惯于抱着手机刷来刷去，可能导致学业荒废、工作停滞，也会出现颈椎不适、眼睛疼、坐骨神经痛等健康问题。

我们习惯于晚睡熬夜，可能导致第二天精力不济，长此以往，就会出现身体虚弱，小病缠身的状况。

……

习惯，直接影响着我们的生活。而很多时候，我们可能没有机会去梳理，没有机会识别出导致某个结果的最初的那个“马屁股”。识别出一些带来不良影响的习惯并重建，可以帮助我们构建新的生活状态。

当我们开始新的思考习惯、新的行为方式、新的生活状态，会让思维、身体和心理都开始启动新的链接，形成新的自动化路径，导向新的生活。

我试着觉察自己的思维方式，哪些是合理的，哪些是不合理的。尝试新的思考路径，尝试用新视角看待周围和自己。

当我发现手机已经过多地占据生活，就试着放下手机，用音乐、绘画、运动，用发展新的爱好，来替代手机的陪伴；勇敢地走出舒适圈，去认识新的朋友，构建社会支持体系；直面在亲密关系中的恐惧，尝试谈个朋友，找个爱人，发展自己的亲密关系。

当我发现自己总是熬夜不睡觉，沉溺于电视剧和游戏无法自拔时，试着发现这些习惯背后的“益处”，并寻找新的对自己有益的、健康的、可持续发展的替代方式，比如运动、社交、瑜伽等，让新的路径进入自己的生活。

当然，新习惯的养成绝不是说说就来的。“知道”和“做到”之间，往往是 1 步和 100 步之间的距离。要跨越这 99 步，让知道变成做到，很多时候会经历一些反复，会经受一些磨砺。但只要你迈出第一步，就会距离“做到”更近一步。

一些思维习惯的养成，需要很好的觉察力。觉察到了，看到了不同思考方式可能带来的影响，才会留出选择空间。要训练觉察力，静坐、冥想、站桩，每日进行自我觉察记录等都是很好的方式。举例来讲，只有当我们觉察到了自己正在偏听偏信，正在用刻板印象看待他人时，才有可能寻找更客观的视角理解他人。

一些行为习惯的养成，则需要一些执行力，我们可以试着用行为管理的方式进行。和大家分享一下我的习惯养成方法：

我有个习惯养成的打卡群，当我想要养成某个习惯的时候，就会参与打卡。比如，有一段时间我睡觉时拖延，看看手机，收拾下琐碎的事情就耗到了11点多。睡得晚，第二天就容易起得晚，而且睡得不饱满，精神状态也受影响。

然后我就参与习惯养成打卡，在群里承诺一周有5天必须在22:30前睡觉，使用睡眠监测软件作为凭证，截图发给群成员监督，一周结算一次，少打卡一天就发100元的红包。比如，我承诺的5天早睡，如果完成3天，就给大家发2个100元的红包，如果全部完成，就不用发红包了。这样，坚持21天，22:30前睡觉就成了习惯。为了达成自我的习惯，和一些朋友聊天或者做什么工作安排，我会跟大家商量："我需要22:30前睡觉，一些非紧急的事情可不可以放到第二天继续？"这样一段时间，好多朋友也知道了我这个习惯，会尊重我这个需求。

在构建新的行为习惯时，有几个关键点需要注意。

第一，要养成的目标习惯，难度要适中。难度属于跳起来摘苹果的状态最好，就是那个苹果不能太高，而是你蹦起来，跳一跳就可以够到的。如果是高难度的目标习惯，要分步骤循序渐进地培养。比如，你平时习惯凌晨1点睡，那第一阶段就先让自己提前半个小时睡，第二阶段可以争取在12:00之前睡，第三阶段再提前半个小时，然后慢慢找到自己舒服的状态，把习惯稳固下来。不要立 flag 说，要养成习惯，就立马要求自己从夜猫子变成早睡族，太难为自己，就很难坚持下去。

第二，不要苛求自己每天都按要求完成任务，留出休整空间。如果，习惯养成变成一件困难和压力重重的事，这习惯就很难养成，很容易快速放弃。以我为例，我一般是用一周 5 天时间来完成某个具体的任务。因为，有时候难免会出现一些紧急工作或者临时聚会之类的，可能会加班或者回家比较晚。或者干脆某一天就是很兴奋不想睡觉，那也别苛求自己必须得完成什么。凡事过于刻板，也很难执行。

第三，习惯的养成，任务不要太多。我看到有些朋友的任务清单，密密麻麻，似乎把自己一天的时间都安排进去了。9:00 读书，读多少页；10:00 休息十分钟上厕所；11:00 运动，瑜伽 1 小时……人不是一个机器，很难按照既定设置严格执行，过于机械的任务清单、习惯养成计划往往很难实现。一般来讲，抓大放小，比如，今天阅读多少，按任务打包就可以。同时，也不要多个习惯同时养成，建议一个一个来，养成一个再进行下一个，某习惯养好了就成为自己的一部分，就可以自动化地执行而不再耗费心力。比如我，现在十点左右就犯困了，自然就会准备洗漱睡觉去了。

这一节的内容是希望大家重新梳理自己的习惯包括成瘾行为之后，试着开始构建新的有利于身心健康、有助于自我发展的习惯。参考维度可以从吃、喝、拉、撒、睡、呼吸，看、听、说、问、思维习惯等我们前面探讨过的内容开始，结合自己的现有状态，开始构建新生活。

【自我关爱之旅】

列出新的想要开启的目标习惯，并制订具体的计划。请分维度进行，比如吃的方面打算怎样，喝的方面想要养成什么习惯等。

【示例】

1. 从今天开始，吃饭我要吃 7 分饱，不要因为害怕浪费、别人的劝诱、自己的情绪等让自己撑得难受。

2. 从今天开始，吃饭时候不再看电视剧和电影等，专心吃饭。请家人和身边的人监督，如果违反，就主动打扫卫生。

3. 以后上厕所再也不带手机或者任何书籍、平板电脑进去了，专心上厕所。

4. 以后要少喝可乐，一周不超过 3 次。超过一次就去跑步一次，把喝进去的多余的香精添加剂代谢出去。

5. 我要有意识地腹式呼吸，及时按摩自己的内部脏器，虽然知道每个人都会生病，但还是希望自己保持健健康康的身体状态。

6. 我要早些睡觉，最晚十二点之前睡觉，准备加入一个打卡群，帮助自己执行。

我开始看见身边的美好

当我们有意识地转换思维和观察视角，会看到不同的风景。

如果你愿意拥有一副“看美好”眼镜，你就可以看到路边的鲜花绿草和头顶的蓝天白云，看到背着书包上学途中的孩子们的笑脸，看到快递小哥骑着摩托哼着小曲儿时的欢快，看到车水马龙的街头每个人努力向前的姿态，看到互相搀扶着并肩前行的老爷爷老奶奶之间相濡以沫的感情，看到路边商家橱窗里精美的展示，看到夕阳下波光粼粼的湖面，看到星月璀璨的大美夜空……一个转念，就可以发现身边有许许多多的美好。

当我们试着从每个遇见的人身上看到美好，从所处的环境里看到美好，从自己的生活、工作、社交关系里看到美好，你会在更多的时间里处于喜悦美好的内在心境中。

如果我们再加装一副透视镜，可以透过行为的表面看到背后的真意，也许生活中就会减少很多冲突。当我们看到对方行动中的爱意，听到抱怨背后的关心，看到脆弱背后的善良，看到忙碌之后潜藏的坚强努力，或许对人对事，也会多一些理解和谅解，与他人的关系也会多一些包容和支持。

不少来访者曾经跟我反馈，当她试着看到老公笨手笨脚地为自己做饭的心意时，哪怕做得再难吃，也觉得是美味。当他想到爱人为了孩子，经历十月怀胎的艰辛和分娩的痛苦，依然还要为了孩子的吃喝拉撒睡操碎了心时，忽然觉得她的唠叨没那么刺耳了，她的焦虑也要有人分担，那些唠叨和焦虑变成了戴着面具的爱的表达。

还有一个来访者，之前总觉得自己先生有些懦弱和窝囊，自己和别人吵架时，他竟然不冲上去和别人打，让她很没有面子。后来发现，那是因为先生心怀善意，不喜欢冲突，不认为把对方打一顿就会给自己挣足了面子，更不喜欢为了所谓的面子闹得两败俱伤，把局面搞得太糟糕而无法收拾。她还发现，先生这样的性格，不仅不会和别人争吵、打架，也不会动不动和自己起冲突挑起武力争端。爱一个人，也要体恤对方的立场，而不是让对方按自己的意愿去冒风险。尤其是和愿意为她打架的初恋男友相比，先生的成熟稳重让自己避免了许多不必要的“战争”。

有些时候，我们还可以拥有一副幸运眼镜，帮助自己发现生活中的小幸运、小开心。比如：

今天去超市，发现了平时极少看见的自己爱吃的食品，好开心，赶紧抱回家享受。

望着窗外的大雨，庆幸没有带伞习惯的自己在下雨之前回到家里，可以美美地窝在沙发里刷刷手机。

先生主动来接自己下班，孩子给自己送了节日礼物，爸爸妈妈的病情有了好转，闺密和她老公又和好了。

喜欢的饭店又推出了新菜品，喜欢的甜品店今天多送了两勺水果……

只要你愿意，你可以时常戴上幸运眼镜，发现生活中环绕着自己的各种小幸运、小幸福、小开心。

有些时候，我们还可以主动做一些让周围人方便也让自己开心的事情。做些利他的事情，可以让我们真切地感受被感谢的喜悦，感受自己举手之劳的价值和影响，感受更博大的我的状态。

看到翻倒的共享单车，不着急赶路的话，把它们扶起来，排排站好。看到整齐的自行车，感受一下内心的小骄傲、小开心。

看到颤颤巍巍过马路很慢的老爷爷老奶奶，试着放慢脚步帮他们阻挡左转的车流，陪他们一起走过去，感受帮助他人时的内在状态。

看到迷路的孩子，去帮他们找到家长；看到翻倒的垃圾桶，去帮它们站立起来；看到路边哭泣的成年人，去给他们一些鼓励和力所能及的帮助……

当然，你也可以抽出一些时间去做公益，陪伴残障孤儿，陪伴孤单的老人，或者哪怕是通过电话问候、心理陪伴等与他们建立一种支持的关系。

你可以努力尝试，去做一些之前没有做过的、帮助他人的小事，感受自己内在世界的状态。除了发现身边的美好，你也可以去力所能及地构建一些美好。

当你的生活中美好的点滴越来越多，相信我，你的内在状态，你的信心，你的自我价值感受，你的自尊，都会变得更加饱满。你会觉得更加轻松、有力量，你的身心自由空间也会越来越宽阔。

最终，受益的将是你自己。

【自我关爱之旅】

1. 今天你发现了身边什么样的美好呢？

2. 今天发生在你身上的小幸运有哪些？

3. 如果要透过表面看身边人的真意，你发现了什么？

4. 尝试去做一件助人利他的事情，整个过程发生了什么？你的内在感受是什么？

【示例】

1. 今天捡了三个又大又漂亮的松塔，感觉好开心。

2. 最近才发现，老妈为单身的我阻挡了好多亲戚的闲言碎语，真是难为她了。这些年，爸妈虽然一直为我的个人问题着急，但也没有强迫我一定要怎样，真是要感谢明理的老爸老妈。

3. 小区附近开了一家很舒适的咖啡屋，又多了一个晒太阳看书的地方，太棒了。

今天我款待自己

很多时候，我们为了让父母开心，为了身边人的愿望、期待去做一些也许并非本意的事情。还有很多时候，我们为了适应社会的需要，获得社会的接纳、认可，去扮演不同的角色，尽管许多时候有些违心和疲惫。

我们一生都活在各种关系中，与父母的关系，与同学朋友的关系，与爱人伴侣的关系，与孩子的关系，与领导同事的关系，与社会的关系，与环境的关系，与遇见的各式各样的人之间的关系……

在这所有的关系中，找到自己的位置，与他人良好地互动，体谅、支持、满足彼此期待是很重要的部分。找到自己与他人互动的平衡点，与环境、与社会保持良好的滋养和回馈状态，也是非常重要的。只是，这个过程，我们还需要看到有一种关系是更重要的，那就是我们与自己的关系。

与自己的关系是与其他所有关系的基础，如果我们不了解自己的需求，不了解真实的愿望，不懂得及时地表达，不懂得设置自我的边界，就会用一个“假我”的身份与周围的关系互动，慢慢变得更加远离真实的内心。比如，为了满足父母的要求找个父母喜欢的人结婚，婚后生活变得相看两厌，冲突层出不穷。再比如，为了让孩子上个好一些的学校，选择住在老破小的学区房里，整天憋屈、委屈，时不时地跟孩子发脾气，“要不是为了你上学，我才不要住在这么狭小的房子里”，亲子关系扭曲且充满怨气。对上级安排的工作有不同意见，不敢直接表达，情绪憋在心里，执行过程抗拒、拖延，结果差强人意，导致领导不满，自己也一肚子负面情绪，同事关系紧张而微妙。

生活中充满抉择，每一个抉择可能会走向不同的场景，而抉择时的理由和内在状态就成了非常关键的因素。

如果你总是违心地做决定，如果你总是把他人的需要和利益放在自己的需要前边，如果你总是害怕别人不高兴而讨好关系，如果你总是牺牲自我成全他人，无法很好地表达真实自我，就像给自己戴上一个“面具”，用“假我”在与他人相处，时间久了，那些违心、讨好、压抑和自我牺牲，会化作情绪积压在身体和内心里。

长期活在“假我”织就的关系网里，要么假的自我彻底抢占地盘，把真实的自己裹在厚厚的外包装里，“我”渐渐迷失、迷茫、混乱；要么在真实的自我和假的自我之间冲突不断，认为他人都自私自利，认为自己不被理解，可怜、弱小、怨恨等情绪开始积累，终有一天，爆发战争。

所以，我们要及时地停一停，就像及时保养自己的车一样，也要时常保养自己的身心。找找内心那个真实的自我的需要，好好犒劳自己，款待自己，千万别等到这个最佳朋友身心俱疲，做出伤害自己的事来。

要犒劳自己，款待自己，需要先觉察自己的需要和感受。你过得开心吗？哪些行动、话语是违心的？你的哪些需要是被压抑的？有别的解决路径吗？有什么方法可以满足自己吗？打开更多的思维，看到更客观的角度，也许有很多种平衡自我和他人关系的办法。

也许，今天你不需要做一个过度牺牲的、完美的家长，你可以有自己的工作事业，你可以让孩子做一些力所能及的事情，你有情绪的时候可以告诉孩子你需要一个空间，你不需要事必躬亲包办孩子的所有，你不需要拖着生病的身体还一定要接送孩子去辅导班，也许你需要信任孩子可以保护自己、照顾自己……

也许，你需要回归到一个真实的、有血有肉、有情绪的人的状态，你爱身边的人但不过度牺牲；有困难你可以求助他人，而不是必须憋在心里自己扛；有情绪你可以表达和合理释放，不用担心被嫌弃被否定。

也许，你需要跟家人请个假，去和闺密好友唱唱歌、喝喝酒、跳跳舞、旅旅行，也许你需要去给自己做个身体按摩，做个心理疏导……

在爱他人之前，只有把自己的储爱槽填满，才能输出更饱满的爱。过度牺牲，容易陷入情感绑架的循环。

款待自己，善待自己，关注自己的心理、身体的需要，留出一个空间、时间，吃自己喜欢的美食，做自己心里想做的事情，不拘泥于角色，不在意他人的眼光，你只需要做回自己，满足内心最真实的需要。

梳理一张自己的心愿清单，一件一件去实现。比如，我的一些来访者，有的想去坐旋转木马，有的想去攀岩，有的想去尝试刺激的过山车，还有的想去草地上打滚，去山里大喊大叫听山谷的回响，去看一看和初恋走过的地方，去海边看日出，去国外潜水，去北欧滑雪……

当他们实现了内心的愿望，会分享说，一个个满足自己心愿的过程里，感觉自己被自己也被这个世界爱着，感觉自己内心更充实饱满了，感觉自己更加喜欢自己，也更加热爱身边的人和这个世界了。

款待自己，善待自己，就是爱自己的开始。那些曾经被忽略的过去，那些曾经被否定的场景，由自己来抚平；那些过往没有被满足的对爱的期待，那些没有被填满的虚空，由自己来满足，来填满吧。

只要你愿意开始款待自己，善待自己，爱自己，你会开启一个新的自我，喜悦、饱满、自在。

【自我关爱之旅】

1. 请列出你的心愿清单。没有好坏，没有评判，只要是你心里期待的都可以。

2. 根据你的心愿清单，寻找时机，一个一个实现。请记录实现过程和内心感受。

【示例】

1. 今天鼓足勇气和父母聊了聊心里话，觉得心里有个角落明快了许多……

2. 今天去吃了种草很久的烤肉，觉得好吃极了，胃先生被犒赏的感觉非常好，爽歪歪啊。感觉减肥都有动力了……

3. 终于去了日本的海洋馆，看了海豚表演，好喜欢这个过程，也很震撼，以后要努力赚钱，多去看看这个美丽的世界，以后也要好好保护环境，让更多的地球生物和谐相处……

我开始接管自己的人生

或许我们都是有伤的人，有不被满足的心愿，有被过分管制的过往，有不被关爱的童年……或许曾经被不公平地苛责，曾经被忽略抛弃，曾经被冷漠对待，曾经被戏谑责骂，曾经被羞辱暴打……那些伤我们已经知道，并且它们时常在生活中冒出来，让我们心里隐隐作痛。

对于曾经的伤，曾经的过往，曾经的关系，除了去疗愈、去修复、去和解，有时候也可以选择一份倔强，穿越曾经的伤，抛下过去的恩怨，从过往的发生中汲取力量，重建新的自我。

如果，我们可以用那些灰暗和伤痛做土壤，能在过往的历程中找到资源，并绽放属于自己的生命之花，不为别人，只为自己，也许这些痛就没有白受。

很多事物往往拥有两个面，只是最闪光的一面容易被记住，而闪光的另一面悄悄蕴藏的力量很容易被忽视。经常问问自己，问题是真的吗？问题背后有哪些机会？这样的经历中，有什么收获吗？

你看“危机”二字就很有意思，“危”是危险，“机”是机遇，两者放在一起，本意是危险中藏有机遇的意思。中国哲学中讲究阴阳一体，“阳”“阴”是一个事物的两面，二者缺一不可，有阴有阳才完整，而且两者相互转化，互为相生相克的力量。同样，我们生命中的许多事件、经历，也有两面性。

也许，正是因为曾经被忽略，才更懂得珍惜的意义，才更懂得给身边人更多的关爱；也许正是因为被冷漠，才知道尊重他人的重要性；也许正是因为曾经被羞辱戏谑，才练就了强大的自我保护意识和自保能力，才懂得待人和善的意义，才给自己带来许许多多的机缘。也许正是因为曾经缺爱，才懂得爱的价值，才修炼了爱自己也爱他人的能力……

换个视角，看重我们收获的，看淡那些灰暗的，可以帮助我们抛开对伤痛的执着和陷入，从对他人的怨恨和依赖里，开始为自己负责，接管属于自己的人生，构建全新的姿态。

对于每个人来讲，能成为今天的自己，除了未被满足的部分和所受的心伤，更多的时候是被滋养着、被爱着的。生活中，有太多的人在为我们作贡献。要感谢自然的馈赠，感谢父母的生和养，感谢亲友的陪伴，感谢社会的支持滋养，感谢和平安宁的生存环境。所有的一切，在助力我们成为今天的自己。凝结众多价值的我们，值得过好这一生，绽放生命的绚烂。

所谓命运是所有决定和行为相加之和，今天的我们正在塑造命运的未来。

每一刻都是全新的开始，你过去的思想、观念、行为造就了今天的你，你今天看到的、听到的、表达的、执行的，将塑造明天乃至未来的你。

你今天的思维、行动，将成为你未来的“马屁股”。从现在开始，如何规划好命运的“马屁股”，是你说了算。

从今天起，开始为自己负责，专注于新自我的构建，掌管自己的人生！

从今天起，开始做自己的主人，一步步过上自己想要的生活！

【自我关爱之旅】

1. 请对帮助过自己的人说出你的感谢，可以用文字写出来，发给对方，也可以打电话告诉他们。也许你有一长串要感谢的名单，不着急，一个一个来进行这个工作，并把这个过程记录下来。

2. 请对你有所亏欠或者忽略，或者你想表达歉意的人，表达你的歉意，并记录这个过程。也许有多个人，没关系，一个一个来，打开内心的结。

3. 试着与爱的人分享自己的喜悦和进步，在觉察自我，构建新状态，掌控自我几个层面，你的收获、点滴进步都可以。这个训练，可以经常进行。

【示例】

我今天去感谢了一直以来帮助我引领我的前辈，没想到在他的眼里，我有那么多的优点，再一次从“别人”的视角看到自己，还是有些惊讶。也许我需要更好地看待自己了，也许当年的老师、父母评价我的时候，没有看到更真实的优秀的我。我需要相信自己。

图书在版编目（CIP）数据

情绪自疗手册：日常生活里隐藏的身心秘密 / 孔令雪著.
-- 北京：中国工人出版社, 2020.11
ISBN 978-7-5008-7364-8

Ⅰ. ①情… Ⅱ. ①孔… Ⅲ. ①情绪－自我控制－通俗读物
Ⅳ. ①B842.6-49

中国版本图书馆CIP数据核字(2020)第220037号

情绪自疗手册：日常生活里隐藏的身心秘密

出 版 人	王娇萍
责任编辑	王　宁
责任印制	黄　丽
出版发行	中国工人出版社
地　　址	北京市东城区鼓楼外大街45号　邮编：100120
网　　址	http://www.wp-china.com
电　　话	（010）62005043（总编室） （010）62005039（印制管理中心） （010）62379038（社科文艺分社）
发行热线	（010）62005996　82029051
经　　销	各地书店
印　　刷	天津中印联印务有限公司
开　　本	880毫米×1230毫米　1/32
印　　张	8.25
字　　数	154千字
版　　次	2021年1月第1版　2024年4月第3次印刷
定　　价	48.00元